Plinius · Naturalis historia

Plinius der Ältere

Naturalis historia
Naturgeschichte

Lateinisch/Deutsch

Ausgewählt, übersetzt und herausgegeben
von Marion Giebel

Reclam

RECLAMS UNIVERSAL-BIBLIOTHEK Nr. 18335
2005 Philipp Reclam jun. Verlag GmbH,
Siemensstraße 32, 71254 Ditzingen
Druck und Bindung: Esser printSolutions GmbH,
Untere Sonnenstraße 5, 84030 Ergolding
Printed in Germany 2025
RECLAM, UNIVERSAL-BIBLIOTHEK und
RECLAMS UNIVERSAL-BIBLIOTHEK sind eingetragene Marken
der Philipp Reclam jun. GmbH & Co. KG, Stuttgart
ISBN 978-3-15-018335-9

www.reclam.de | info@reclam.de

Inhalt

Einleitung

Was tat Kleopatra mit den kostbarsten Perlen der Welt? Wie groß ist der Erdumfang? Wie atmen Fische? Was hilft gegen Magenleiden? Wie wird Gold gefördert und welche Arten gibt es? Eine schier unübersehbare Fülle von Themen aus den verschiedensten Wissensgebieten findet sich in einem der erstaunlichsten Werke, die uns aus der römischen Antike erhalten sind. 37 Bücher umfasst die *Naturalis historia*, die *Naturkunde* oder *Naturgeschichte*, eine Schatzkammer des antiken Wissens: Ihr Autor Gaius Plinius Secundus hat nach eigenem Bekunden Wissenswertes über 20 000 Gegenstände zusammengetragen und dazu ungefähr 2000 Bände von 100 einschlägigen Autoren durchgearbeitet, seine eigenen Forschungen nicht gerechnet.

Was war dieser Plinius für ein Mensch? Saß er sein Leben lang Tag und Nacht über den Büchern, um zunächst akribisch einen riesigen Zettelkasten anzulegen und ihn dann pedantisch auf Papyrusrollen zu übertragen? Ein weltfremder Stubenhocker, trockener Theoretiker und engstirniger Kompilator? Dagegen spricht, was wir von den Lebensumständen des Autors wissen. Um mit seinem Tod zu beginnen: Er war das prominenteste Opfer des Vesuvausbruchs vom 24. August 79 n. Chr. Damals lebte er in Misenum (heute Capo Miseno), im Westen des Golfs von Neapel, und beobachtete an diesem Tage eine auffällige pinienförmige Wolke über dem Vesuv, die auf ein Erdbeben hinzudeuten schien. Ein schweres Erdbeben hatte ja die Region im Jahr 62 erschüttert. In seinem Werk hatte Plinius über Erdbeben gehandelt, unter den feuerspeienden Bergen in Italien allerdings nur den Ätna erwähnt, der als einziger noch tätiger Vulkan Italiens galt. Er beschloss nun, mit einem kleinen Schiff in die Nähe zu fahren und das Naturphänomen zu studieren, vielleicht ergab sich ein

Nachtrag zu seinem Kapitel über Erdbeben. Da erreichte ihn eine Botschaft mit einem Hilferuf: Eine Bekannte teilte ihm mit, ihre Straße sei durch Erdstöße verschüttet und sie und die übrigen Bewohner am Fuß des Vesuvs bei Herculaneum wollten sich in Sicherheit bringen, sähen aber keine Fluchtmöglichkeit. Sie erhoffte von Plinius Hilfe, denn er war Flottenkommandant von Misenum, wo Teile der römischen Kriegsflotte mit großen Transportschiffen stationiert waren. Sogleich änderte Plinius sein Vorhaben und forderte einsatztüchtige Schiffe an, um die bedrohte Bevölkerung zu evakuieren. Er selbst diktierte an Bord noch seine Beobachtungen; inzwischen war kein Zweifel mehr, dass es sich um einen Vulkanausbruch handelte. Das Niedergehen von glühender Asche und Bimsstein und die starke Brandung erzwangen eine Landung an einem anderen Ort, und zwar in Stabiae. Dort hatte ein Freund des Plinius eine Landvilla. Er beruhigte die erschreckten Bewohner, und während die Asche schon hoch den Boden bedeckte und die Gebäude von den Erdstößen erschüttert wurden, begab sich Plinius zur Ruhe, um Normalität zu suggerieren. Er fand die Lage wohl nicht lebensbedrohlicher als andere, die er schon erlebt hatte, in den Kämpfen gegen die Germanen oder in explosiven Situationen des Krieges in Judäa. Keiner ahnte ja das Ausmaß der kommenden Katastrophe. Doch als der Aschen- und Steinregen immer heftiger wurde und das Haus bedenklich ins Wanken geriet, beschloss man, ins Freie und an den Strand zu gehen. Hier kamen Böen glutheißen Flammenwindes und Schwefeldämpfe, die das Atmen immer schwerer machten. Plinius, der an Bronchialasthma litt, brach zusammen und starb. Die Berichte vom Tod des Plinius und vom Vesuvausbruch sind Glanzstücke aus der Briefsammlung seines Neffen (*epist.* 6,16; 20). Da beide den gleichen Namen tragen – Plinius hatte den Neffen adoptiert –, werden beide Plinii als der Ältere und der Jüngere (*Plinius Maior* und *Minor*) unterschieden. Der Jüngere, der die Ka-

tastrophe in Misenum miterlebte, hat seinen Bericht auf Wunsch des Geschichtsschreibers Tacitus verfasst, und er hat auch anderen Freunden Auskunft gegeben über Leben und Forschertätigkeit seines Onkels.

Geboren ist dieser 23/24 n. Chr. im oberitalischen Städtchen Novum Comum, dem heutigen Como, wo beide Plinii als Skulpturen aus dem 15. Jahrhundert am Dom zu sehen sind. Beide waren nicht nur Geistesgrößen, sie hatten sich auch um die Wohlfahrt ihres Heimatortes verdient gemacht. Onkel und Neffe sitzen beide im Gelehrtenmantel da und halten ein Buch, einen Codex, in der Hand. Der Ältere aber schiebt mit dem Buch den Mantel vom Knie zurück, und man sieht den *calceus*, den bis über die Wade hinaufreichenden Offiziersstiefel: der bildliche Hinweis auf ein Leben auch außerhalb der Gelehrtenstube. Plinius leistete nach der üblichen rhetorischen und juristischen Ausbildung in den Jahren 47–52 n. Chr. Militärdienst. Er nahm an den Germanenfeldzügen teil und veröffentlichte später ein Handbuch *Über den Speerwurf zu Pferde*, das wie alle seine Werke außer der *Naturgeschichte* verloren ist. Noch im Feldlager begann er ein Werk über die Germanenkriege. Während der Herrschaft Neros widmete er sich rhetorischen und sprachwissenschaftlichen Arbeiten. Als unter Vespasian wieder eine freie öffentliche Tätigkeit möglich war, trat Plinius als Anwalt auf dem Forum auf und schrieb ein Geschichtswerk: *A fine Aufidi Bassi*, d. h. von dort an, wo dieser seine (verlorenen) *Historiae* beendet hatte. Es behandelte also die Zeit von Kaiser Claudius bis Vespasian und diente Tacitus als Quelle. Dann nahm Plinius seine Militärtätigkeit wieder auf; während des Krieges in Judäa machte er die Bekanntschaft des späteren Kaisers Titus, des Sohnes Vespasians. In verschiedenen Teilen des Reiches, wie in Spanien, war er in hohen Militär- und Verwaltungsämtern tätig. Kaiser Vespasian übertrug ihm eine Vertrauensstellung am Hofe und machte ihn 77 zum Befehlshaber der Flotte in Misenum, dem Stütz-

punkt für das gesamte westliche Mittelmeer. Zu seinen Aufgaben gehörte auch die Wartung des riesigen Wasserreservoirs, der heute noch viel bestaunten Piscina mirabilis.

Während dieser ausgedehnten, verantwortungsvollen Tätigkeit entstand sein Hauptwerk, das er 77, also zwei Jahre vor seinem Tod, abschloss und dem Thronfolger Titus, seinem ehemaligen Zeltgenossen, widmete. Im Rückblick auf eine solche Karriere kann man den Autor der *Naturalis historia* nicht für einen Stubengelehrten halten; man muss sich vielmehr wundern, wie er all das in ein Leben von knapp 55 Jahren gepackt hat. Darüber haben freilich schon die Zeitgenossen gestaunt, und der jüngere Plinius hat daraufhin einem Freund den Tagesablauf des Onkels geschildert (*epist.* 3,5). Neben einem scharfen Verstand, unglaublichem Eifer und Fleiß half ihm seine minutiöse Tageseinteilung, um Zeit zu gewinnen für alle seine Aufgaben. Schon vor dem ersten Morgenlicht war er auf und saß an seinen literarischen und wissenschaftlichen Studien, dann ging er zu Kaiser Vespasian, der ebenfalls die frühen Stunden nutzte, und begab sich darauf an die mit ihm abgesprochenen Arbeiten. Nach Hause zurückgekehrt widmete er sich den Studien und nahm dann ein leichtes Mittagsmahl ein. Zur Siesta ließ er sich vorlesen und machte sich dabei Notizen. Er las nichts, ohne sich Exzerpte zu machen; er behauptete nämlich, kein Buch sei so schlecht, dass es nicht doch irgendeinen Nutzen hätte. Nach der Siesta nahm er ein kaltes Bad – beim Abtrocknen ließ er sich schon wieder vorlesen oder diktierte –, dann schlief er ein wenig und nahm anschließend seine Studien wieder auf bis zur abendlichen Hauptmahlzeit. Bei Tisch wurde etwas vorgelesen, und der jüngere Plinius erinnerte sich, wie ein Freund einmal den Vorleser eine Stelle wiederholen ließ, weil er sie schlecht rezitiert habe. Der Onkel hielt dies für Zeitverschwendung: Man habe doch verstanden, worum es ging. Unterwegs hatte er stets einen Stenographen bei sich, der im Winter Handschuhe trug. Auch in Rom ließ er sich

in der Sänfte tragen, damit er stets lesen und schreiben konnte, und er rügte den Neffen, der zu Fuß ging: »›Du hättest diese Stunden nicht zu verlieren brauchen‹, sagte er; er hielt nämlich jeden Augenblick für verloren, der nicht auf die Studien verwendet wurde.«

Sein Wahlspruch *Vita vigilia est* – »Leben heißt Wachsein« (1,19) – bezog sich aber auch auf seine wache Aufmerksamkeit allen Phänomenen des Lebens gegenüber. Ob es sich um die Bahnen der Gestirne handelte oder die emsige Tätigkeit der Insekten – allem widmete er sich mit der gleichen Hingabe. Es sind Manifestationen der Natur, und diese ist für ihn, der dem stoischen Denken nahesteht, etwas Göttliches, die Mutter aller Lebewesen. Für sie fordert er dankbaren Respekt, und wo dieser von seinen Zeitgenossen verletzt wird, zögert er nicht mit Kritik. Seine Stellungnahmen zu unsinnigem Luxus, zur Ausbeutung der Erde wirken in ihrem persönlichen Ton zuweilen durchaus aktuell. Dahinter steht die Überzeugung, dass solch eigennütziges Streben nicht nur die allgemeine Lebensgrundlage schädigt, sondern auch den Gemeinsinn verkümmern lässt, ohne den ein Staatswesen nicht existieren kann. Plinius wollte die Anstrengungen Vespasians unterstützen, der nach der ruinösen Gewaltherrschaft Neros bestrebt war, das Imperium wieder auf eine gesunde Grundlage zu stellen. Und wie er dem Kaiser in einer Vertrauensstellung als Ratgeber diente, so wollte er auch mit seiner schriftstellerischen Arbeit ein nutzbringendes Werk leisten. Eine enzyklopädische Zusammenfassung des gesamten Wissens seiner Zeit will er bieten, eine Schatzkammer, aus der sich jeder seiner Zeitgenossen bedienen kann, ob zur Erweiterung des Horizonts oder – bei den vielfältigen Heilmitteln – zur Förderung der Gesundheit. Was Cicero für die Einbürgerung der Philosophie in Rom geleistet hat, unternimmt Plinius für die Bereiche des Sachwissens, die im Bildungskanon, zu Unrecht, wie er meint, unterbewertet sind. Er hat damit einen Wissensspeicher

bereitgestellt, aus dem sich noch das Mittelalter und die frühe Neuzeit reichlich bedient haben, vor allem bei der Kosmologie und der Heilkunde.

Plinius hat die Bücher seines Werkes folgendermaßen angeordnet:

1 Vorwort mit Widmung an Titus, Inhalts- und Quellenverzeichnis.

2 Kosmologie mit Himmel, Erde, Gestirnen und Elementen.

3–6 Geographie: Europa, Afrika, Asien mit Völkern, Flüssen, Bergen, Inseln und Städten und Entfernungen.

7 Lebewesen, beginnend mit dem Menschen (Physiologie und Anthropologie), mit Erfindungen und Neuerungen und einer Liste von Besonderheiten.

8–11 Zoologie: Landtiere, beginnend mit dem Elefanten (8), Wassertiere, beginnend mit dem Wal (9), mit Fischen und dem zeitgenössischen Fischluxus sowie Perlen und Purpurgewinnung, dann Vögel (10) und Insekten, vor allem Bienen (11).

12–19 Botanik: Bäume und Stauden, mit Weihrauch und Myrrhe (12), Papyrusgewinnung (13), Weinbau (14), Ölbaum und Obstbäume (15), Waldbäume, Holz und andere Materialien, Wasserpflanzen, alte und berühmte Bäume (16), Baumzucht und -pflege, Pfropfen und Okulieren (17), Feldfrüchte und Ackerbau (18), mit bäuerlichen Arbeiten und Wetterzeichen, Gartengewächsen und Gartenbau (19).

20–27 Heilmittel aus dem Pflanzenreich, Pharmakologie: Heilmittel aus Gartengewächsen (20/21) und wildwachsenden Pflanzen und Feldfrüchten (22), Heilmittel aus Bäumen und Baumfrüchten (23), aus Waldbäumen, Sträuchern und Kräutern (24), berühmte Heilpflanzen und ihre Entdecker und Verwender, weitere Heilmittel aus Kräutern (25), spezielle Krankheiten und ihre Behandlung (26), sonstige Heilpflanzen (27).

28–32 Heilmittel aus dem Tierreich: aus tierischen Erzeugnissen wie Milch (28), mit einer kurzen kritischen Geschichte der Medizin bei Griechen und Römern (29), mit Mitteln gegen Gifte und einer Geschichte der Magie und der Magier (30), dann die Heilwirkung von Wasser und Salz (31), Mittel aus Fischen und sonstigen Wassertieren (32).

33–37 Metallurgie und Mineralogie mit Gold und Silber und ihrer Gewinnung im Bergbau und der Verwendung von Edelmetallen (33), dann Erz, Eisen und Blei (34), die Gewinnung der Farben, Malerei (35), Marmor und andere Steine (36), mit berühmten Künstlern, Kunstwerken und Kunsthandwerk (36), Edelsteinkunde mit Erwähnung berühmter und besonderer Kostbarkeiten (37), und schließlich ein Lob Italiens als einer zweiten Mutter der Welt (37,201 f.) und eine Schlusswendung an die Natur als die Mutter aller Dinge (37,205).

Die vorliegende Auswahl musste Themenbereiche aussparen, in denen Plinius zu viele erklärungsbedürftige Namen aneinanderreiht, so die Geographie und Pharmakologie und auch die kunstgeschichtlichen Ausführungen. Sie konzentriert sich auf Stellen, an denen Plinius als Vorläufer eines kompetenten Sachbuchautors erscheint, belehrend und unterhaltend zugleich und profiliert durch eigene, oft originelle Stellungnahmen.

Mit dem deutschen Titel *Naturgeschichte* (statt *Naturkunde*) wird Bezug genommen auf die Titelangabe des jüngeren Plinius (*epist.* 3,5,6): *Naturae historiarum triginta septem* (erg. *libri*), wobei der Plural *historiae* gewöhnlich die systematische Darstellung im Ganzen bei einem Geschichtswerk betont, hier auf die Darstellung der Natur bezogen, also eine enzyklopädische Geschichte, die Natur betreffend.

C. Plini Secundi
Naturalis historia

Plinius der Ältere
Naturgeschichte

1,17–18

$\overline{\text{XX}}$ rerum dignarum cura – quoniam, ut ait Domitius Piso, thesauros oportet esse, non libros – lectione voluminum circiter $\overline{\text{II}}$, quorum pauca admodum studiosi attingunt propter secretum materiae, ex exquisitis auctoribus centum inclusimus XXXVI voluminibus, adiectis rebus plurimis, quas aut ignoraverant priores aut postea invenerat vita. nec dubitamus multa esse quae et nos praeterierint. homines enim sumus et occupati officiis subsicivisque temporibus ista curamus, id est nocturnis, ne quis vestrum putet his cessatum horis. dies vobis inpendimus, cum somno valetudinem computamus, vel hoc solo praemio

Aus der Vorrede

In seiner Vorrede (Buch 1) wendet sich Plinius an Titus, den Sohn und Mitregenten Kaiser Vespasians, dem er die Naturalis historia, *seine* Naturgeschichte, *gewidmet hat. Er nennt sie »ein für die Musen deiner Römer neuartiges Werk« (1,1). Dem kaiserlichen Gönner gegenüber bezichtigt er sich der Kühnheit, denn er habe es gewagt, ihm diese Buchrollen zuzueignen, die – eine starke Untertreibung – dazu noch wenig Mühe gekostet hätten. Und es gehe darin nicht um Wunderdinge oder Abenteuergeschichten, die leicht und angenehm zu lesen seien:* Rerum natura, hoc est vita, narratur: *»Die Natur, das heißt das Leben auf der Welt, wird geschildert« (1,13). Dazu bedurfte es eines ausgedehnten Quellenstudiums.*

1,17–18

20 000 beachtenswerte Gegenstände sind es – weshalb auch Domitius Piso meint, mein Werk sollte eher »Schatzkammern« statt Bücher heißen –, die ich aus der Lektüre von ungefähr 2000 Bänden, von denen sich die Gelehrten nur mit wenigen befassen, da die Materie recht abgelegen ist, aus 100 ausgewählten Autoren in 36 Büchern zusammengefasst habe. Dazu kommt noch eine Fülle anderer Dinge, die meine Vorgänger noch nicht kannten, oder die das Leben erst später erfunden hat. Dabei zweifle ich keineswegs daran, dass auch ich noch vieles ausgelassen habe. Ich bin ja auch nur ein Mensch und werde von meinen Alltagspflichten in Anspruch genommen. Nur in der Zeit, die dabei übrig bleibt, das heißt in den Nachtstunden, beschäftige ich mich mit dem Schreiben – es soll keiner von Euch glauben, dies gehe auf Kosten meiner Amtsgeschäfte. Den Tag widme ich Euch, den Schlaf bemesse ich nach meiner körperlichen Leistungsfähigkeit und bin allein mit dem

contenti, quod, dum ista, ut ait M. Varro, musinamur, pluribus horis vivimus. profecto enim vita vigilia est.

1,33
quia occupationibus tuis publico bono parcendum erat, quid singulis contineretur libris, huic epistulae subiunxi summaque cura, ne legendos eos haberes, operam dedi. tu per hoc et aliis praestabis ne perlegant, sed, ut quisque desiderabit aliquid, id tantum quaerat et sciat quo loco inveniat.

Lohn zufrieden, dass ich bei diesem, wie Varro[1] sagt, »Musengeschäft« mehr Stunden am Leben bin. Denn wirklich: nur Wachsein bedeutet Leben.

Plinius hat seine Quellenautoren nach jedem einzelnen Buch in einem Verzeichnis gewissenhaft angegeben, getrennt nach römischen und fremden, d. h. meist griechischen Autoren. Das erfordere die intellektuelle Redlichkeit, meint er, obwohl viele Schriftsteller dies keineswegs tun. Er kann seinem Adressaten Titus gegenüber noch auf ein weiteres Novum verweisen:

1,33
Da ich auf deine dem Allgemeinwohl gewidmete und daher beschränkte Zeit Rücksicht nehmen musste, habe ich jeweils Inhaltsangaben zu den einzelnen Büchern verfasst und sie diesem Widmungsschreiben beigefügt. Ich habe mir also die größte Mühe gegeben, damit du nicht alles lesen musst. Du verschaffst dadurch auch anderen den Vorteil, nicht das Ganze durchlesen zu müssen. Vielmehr braucht jeder, der etwas sucht, nur darin nachzuschlagen und weiß dann gleich, an welcher Stelle er es finden kann.

2,1–6

Mundum et hoc quodcumque nomine alio caelum appellare libuit, cuius circumflexu degunt cuncta, numen esse credi par est, aeternum, inmensum, neque genitum neque interiturum umquam. huius extera indagare nec interest hominum nec capit humanae coniectura mentis. sacer est, aeternus, immensus, totus in toto, immo vero ipse totum, infinitus ac finito similis, omnium rerum certus et similis incerto, extra intra cuncta conplexus in se, idemque rerum naturae opus et rerum ipsa natura.

furor est mensuram eius animo quosdam agitasse atque prodere ausos, alios rursus occasione hinc sumpta aut hic data innumerabiles tradidisse mundos, ut totidem rerum naturas credi oporteret aut, si una omnes incubaret, totidem tamen soles totidemque lunas et cetera etiam in uno et inmensa et innumerabilia sidera, quasi non eaedem quaestiones semper in termino cogitationi sint occursurae desiderio finis alicuius aut, si haec infinitas naturae omnium artifici possit adsignari, non idem illud in uno facilius sit intellegi, tanto praesertim opere.

Kosmologie

Mit Buch 2 beginnt die Naturkunde, und zwar mit einer Kosmologie, einer Lehre vom Weltall, von den Gestirnen, den Elementen, vom Göttlichen und schließlich von der Beschaffenheit der Erde.

2,1–6

Das Weltall und das, was wir mit einem anderen Namen »Himmel« nennen, unter dessen Wölbung alles sein Leben führt, hält man mit Recht für ein göttliches Wesen. Es ist ewig, unermesslich, weder gezeugt noch jemals vergänglich. Zu erforschen, was außerhalb dieser Welt liegt, bringt dem Menschen keinen Nutzen, auch kann er es verstandesmäßig gar nicht erfassen. Heilig ist diese Welt, ewig, unermesslich, ganz im Ganzen, ja selbst in sich das Ganze. Sie ist unendlich und gleicht doch einem Endlichen, bestimmbar in all ihren Teilen und doch letztlich unbestimmbar. Äußeres und Inneres umfassend, ist sie gleichermaßen ein Werk der Natur und die Natur selbst.

Unsinnig ist es, dass einige es gewagt haben, über das Ausmaß des Weltalls Überlegungen anzustellen und diese vorzutragen.[2] Ebenso, dass andere sich daran angehängt und wiederum unzählige Welten angenommen haben. Da müsste man ja an ebenso viele Weltnaturen glauben, oder, wenn eine einzige alle diese anderen ausgebrütet hat, dann müsste es ebenso viele Sonnen, Monde und auch ebenso viele Gestirne geben, die doch in dieser einen Welt schon weder zu messen noch zu zählen sind. Als ob sich nicht am Ende der Überlegungen immer wieder die gleichen Fragen stellten, wenn man den Wunsch hat, Grenzen zu bestimmen. Oder, wenn diese Unbegrenztheit der Natur dem Schöpfer aller Dinge zuzuschreiben wäre – das könnte man doch an einem einzigen Werk leichter erkennen, zumal an einem so großen.

furor est profecto, furor egredi ex eo et, tamquam interna eius cuncta plane iam nota sint, ita scrutari extera, quasi vero mensuram ullius rei possit agere qui sui nesciat, aut mens hominis possit videre quae mundus ipse non capiat.

Formam eius in speciem orbis absoluti globatam esse nomen in primis et consensus in eo mortalium orbem appellantium, sed et argumenta rerum docent, non solum quia talis figura omnibus sui partibus vergit in sese ac sibi ipsa toleranda est seque includit et continet nullarum egens compagium nec finem aut initium ullis sui partibus sentiens, nec quia ad motum, quo sublime verti mox adparebit, talis aptissima est, sed oculorum quoque probatione, quod convexus mediusque quacumque cernatur, cum id accidere in alia non possit figura.

Hanc ergo formam eius aeterno et inrequieto ambitu, inenarrabili celeritate, viginti quattuor horarum spatio circumagi solis exortus et occasus haud dubium reliquere. an sit inmensus et ideo sensum aurium excedens tantae molis rotatae vertigine adsidua sonitus, non equidem facile dixerim, non, Hercule, magis quam circumactorum simul tinnitus siderum suosque volventium orbes an dulcis quidam et incredibili suavitate concentus. nobis qui intus agimus iuxta diebus noctibusque tacitus labitur mundus.

Ja, es ist unsinnig, wahrhaft unsinnig, aus dieser Welt herauszutreten und nach dem zu forschen, was außerhalb von ihr liegt – als ob alles innerhalb dieser Welt bereits bekannt wäre. Wie kann man denn etwas Unbekanntes messen wollen, wenn man noch gar kein Maß für das Bekannte hat! Oder wie kann der Sinn des Menschen etwas sehen, was die Welt selbst nicht in sich begreift.

Die Welt ist zur Form einer vollkommenen Kugel gerundet; dafür spricht vor allem ihre Bezeichnung und die übereinstimmende Ansicht der Menschen, die sie *orbis*, die Weltkugel, nennen. Das lehrt aber auch die Sache selbst: Eine solche Form neigt sich in allen ihren Teilen zu sich selbst hin, sie muss sich selbst tragen; sie umschließt sich und hält sich zusammen und bedarf keiner Halterungen, sie verspürt weder Ende noch Anfang in allen ihren Teilen und eignet sich auch am besten für die Bewegung, in der sie sich, wie bald klar wird, in der Höhe dreht. Dazu lehrt es auch der Augenschein, da man sie gewölbt und überall mitten im Gleichgewicht wahrnimmt, was bei einer anderen als der Kugelgestalt nicht möglich wäre.

Die Welt bewegt sich in dieser Form in ewigem und rastlosem Umschwung mit unnennbarer Geschwindigkeit in vierundzwanzig Stunden einmal um sich selbst – daran lässt der Aufgang und Untergang der Sonne keinen Zweifel. Ob es einen unmessbaren und daher unser Hörvermögen überschreitenden Klang gibt, wenn sich eine solch mächtige Materie ständig um sich selbst dreht, das kann ich nicht so ohne weiteres behaupten. Ebenso wenig kann ich wahrhaftig sagen, ob beim Rundumkreisen der Sterne Töne entstehen, lieblich und von kaum vorstellbarem Wohlklang.[3] Für uns, die wir auf der Erde leben, vollführt das Weltall schweigend seinen Lauf, gleichermaßen am Tage wie in der Nacht.

2,10–27

Nec de elementis video dubitari quattuor esse ea: ignium summum, inde tot stellarum illos conlucentium oculos; proximum spiritus, quem Graeci nostrique eodem vocabulo aëra appellant, vitalem hunc et per cuncta rerum meabilem totoque consertum; huius vi suspensam cum quarto aquarum elemento librari medio spatii tellurem. ita mutuo conplexu diversitatis effici nexum et levia ponderibus inhiberi quo minus evolent, contraque gravia ne ruant suspendi, levibus in sublime tendentibus. sic pari in diversa nisu in suo quaeque consistere, inrequieto mundi ipsius constricta circuitu, quo semper in se recurrente imam atque mediam in toto esse terram, eandemque universo cardine stare pendentem, librantem per quae pendeat, ita solam inmobilem circa eam volubili universitate; eandem ex omnibus necti eidemque omnia inniti.

inter hanc caelumque eodem spiritu pendent certis discreta spatiis septem sidera, quae ab incessu vocamus errantia, cum errent nulla minus illis. eorum medius sol fertur, amplissima magnitudine ac potestate nec temporum modo terrarumque, sed siderum etiam ipsorum caelique rector. hunc esse mundi totius animum ac planius mentem, hunc principale naturae regimen ac numen credere decet opera eius aestimantes. hic lucem rebus ministrat aufertque tenebras, hic reliqua sidera occultat, inlustrat; hic vices tempo-

2,10–27

Über die Zahl der Elemente besteht, wie ich sehe, kein Zweifel: Es sind vier,[4] als höchstes das Feuer, daher die Vielzahl von Sternen, die wie Augen am Himmel leuchten. Dann kommt die Luft, von den Griechen wie von uns mit dem gleichen Wort *áer* genannt. Sie ist das Belebende, das alles durchdringt und mit allem verbunden ist. Von ihrer Kraft getragen wird die Erde, zusammen mit dem vierten Element, dem Wasser, in der Mitte des Weltalls schwebend im Gleichgewicht gehalten. So wird durch eine wechselseitige umfassende Bewegung von Verschiedenartigem eine Verbindung hergestellt: Das Leichte wird durch das Schwere daran gehindert, sich zu verflüchtigen, und andererseits wird das Schwere, damit es nicht abstürzt, durch das Leichte, das nach oben strebt, in der Schwebe gehalten. So bleibt durch ein gleichmäßiges Streben nach verschiedenen Richtungen hin ein jedes an seinem Platz und wird durch das rastlose Kreisen des Weltalls zusammengehalten. Diese Kreisbewegung schwingt immer wieder in sich selbst zurück, und zuinnerst und in der Mitte befindet sich die Erde. Sie steht schwebend auf der Achse des Weltalls, das sie im Gleichgewicht erhält. So ist sie als Einzige unbeweglich,[5] während das All um sie kreist. Sie ist mit allem verknüpft, und alles stützt sich auf sie.

Zwischen der Erde und dem Himmel schweben in derselben Luft, durch sichere Abstände getrennt, sieben Sterne[6], die wir wegen ihres Laufs Planeten, »Irrsterne«, nennen, obwohl sie ganz und gar nicht »umherirren«. In ihrer Mitte befindet sich die Sonne, weitaus das größte und mächtigste aller Himmelslichter, das nicht nur Zeiten und Länder, sondern auch die übrigen Gestirne und den Himmel regiert. Die Sonne als Lebenskraft der gesamten Welt, ja als Weltvernunft zu sehen, als das herrschende Prinzip der Natur, als göttliche Kraft, das gebührt ihr, wenn wir ihre Werke und Wirkungen betrachten. Sie gibt den Dingen das Licht, vertreibt die Finsternis, sie verdunkelt die

rum annumque semper renascentem ex usu naturae temperat; hic caeli tristitiam discutit atque etiam humani nubila animi serenat; hic suum lumen ceteris quoque sideribus fenerat, praeclarus, eximius, omnia intuens, omnia etiam exaudiens, ut principi litterarum Homero placuisse in uno eo video.

Quapropter effigiem dei formamque quaerere inbecillitatis humanae reor. quisquis est deus, si modo est alius, et quacumque in parte, totus est sensus, totus visus, totus auditus, totus animae, totus animi, totus sui. innumeros quidem credere atque etiam ex virtutibus vitiisque hominum, ut Pudicitiam, Concordiam, Mentem, Spem, Honorem, Clementiam, Fidem, aut, ut Democrito placuit, duos omnino, Poenam et Beneficium, maiorem ad socordiam accedit. fragilis et laboriosa mortalitas in partes ita digessit infirmitatis suae memor, ut portionibus coleret quisque quo maxime indigeret. itaque nomina alia aliis gentibus et numina in iisdem innumerabilia invenimus, inferis quoque in genera discriptis morbisque et multis etiam pestibus, dum esse placatas trepido metu cupimus. ideoque etiam publice Febris fanum in Palatio dicatum est, Orbonae ad aedem Larum, ara et Malae Fortunae Esquiliis.

quam ob rem maior caelitum populus etiam quam hominum intellegi potest, cum singuli quoque ex semet ipsis totidem deos faciant Iunones Geniosque adoptando sibi,

übrigen Sterne und erhellt sie wieder, sie bestimmt den Wechsel der Jahreszeiten und erneuert das Jahr immer wieder nach den Gesetzen der Natur. Sie vertreibt trübe Wolken am Himmel und erheitert auch das verdüsterte Gemüt des Menschen. Sie leiht ihr Licht sogar den übrigen Gestirnen, herrlich hervorleuchtend, alles schauend, alles hörend, wie es Homer, der Vater der Dichtung und Gelehrsamkeit, nur von ihr allein gesagt hat.[7]

Daher halte ich es für ein Zeichen menschlicher Unzulänglichkeit, nach dem Bild und der Gestalt der Gottheit zu fragen. Wer auch Gott ist, wenn es überhaupt einen anderen gibt [als die Natur], und in welchem Teil [des Weltalls] er sich auch befinden mag, er ist ganz Sinn, ganz Gesicht, Gehör, ganz Seele und Geist.[8] Aber an unzählige Götter zu glauben und sogar nach den Tugenden und Lastern der Menschen solche Begriffe zu vergöttlichen wie Keuschheit, Eintracht, Vernunft, Hoffnung, Ehre, Milde, Treue, oder, wie Demokrit[9] es wollte, überhaupt nur zwei anzunehmen, Strafe und Belohnung – das grenzt doch an ziemlichen Unverstand. Die gebrechlichen, mühsalbeladenen Sterblichen haben, ihrer eigenen Schwäche bewusst, die Gottheit in Teile zerlegt, damit jeder den Teil verehren kann, den er am nötigsten braucht. Daher finden wir bei anderen Völkern andere Namen von Göttern, und bei ihnen allen zahllose Gottheiten: Sogar die unterirdischen Mächte, Krankheiten und viele Seuchen wurden in Gattungen eingeteilt, weil wir sie in unserer Angst und Scheu gerne besänftigt wissen möchten. So hat man sogar von Staats wegen in Rom auf dem Palatin einen Tempel dem Fieber geweiht, einen anderen der Orbona[10], beim Tempel der Laren, und einen Altar für das Unglück, die böse Fortuna, auf dem Esquilinhügel.

Deshalb kann man sich sogar vorstellen, dass es mehr Götter als Menschen gibt: Es schaffen sich ja die einzelnen jeder für sich noch ebenso viele eigene Götter, indem sie sich einen Schutzgeist wählen, eine Juno oder einen Ge-

gentes vero quaedam animalia et aliqua etiam obscena pro dis habeant ac multa dictu magis pudenda, per fetidos cibos, allia et similia, iurantes. matrimonia quidem inter deos credi tantoque aevo ex iis neminem nasci et alios esse grandaevos semper canosque, alios iuvenes atque pueros, atri coloris, aligeros, claudos, ovo editos et alternis diebus viventes morientesque, puerilium prope deliramentorum est, sed super omnem inpudentiam, adulteria inter ipsos fingi, mox iurgia et odia, atque etiam furtorum esse et scelerum numina.

deus est mortali iuvare mortalem, et haec ad aeternam gloriam via. hac proceres iere Romani, hac nunc caelesti passu cum liberis suis vadit maximus omnis aevi rector Vespasianus Augustus fessis rebus subveniens. hic est vetustissimus referendi bene merentibus gratiam mos, ut tales numinibus adscribant. quippe et aliorum nomina deorum et quae supra retuli siderum ex hominum nata sunt meritis.

Iovem quidem aut Mercurium aliterve alios inter se vocari et esse caelestem nomenclaturam, quis non interpretatione naturae fateatur inridendum? agere curam rerum humanarum illud, quicquid est, summum ac vel tam tristi atque multiplici ministerio non pollui credamus dubitemusne? vix profecto est iudicare, utrum magis conducat generi humano, quando aliis nullus est deorum respectus,

nius. Manche Völker halten sogar bestimmte Tiere, und sogar verabscheuenswerte, für göttlich,[11] und noch vieles andere – von dem man sich noch mehr schämt, es auszusprechen –, indem sie bei stinkenden Speisen, beim Knoblauch und ähnlichen Dingen schwören. Außerdem glaubt man auch, die Götter würden Ehen schließen, in denen aber in so langer Zeit keine Kinder geboren werden. Und die einen seien für immer alt und grau, andere stets Jünglinge und Knaben, wieder andere schwarz, oder mit Flügeln, lahm, einem Ei entsprossen, abwechselnd einen Tag tot, dann wieder lebendig: Das grenzt doch an kindisch-törichtes Gerede. Aber es übersteigt alle Unverschämtheit, wenn man diesen Göttern Ehebrüche untereinander andichtet, dann wieder Zank und Streit, oder gar Gottheiten für Diebstahl und Verbrechen annimmt.

Gott sein: Das heißt für einen Sterblichen, dass ein Sterblicher einem anderen hilft, und dies ist der Weg zu ewigem Ruhm. Ihn gingen die Vorbildgestalten unter den Römern, und auf diesem Weg wandelt nun göttlichen Schrittes zusammen mit seinen Kindern der größte Herrscher aller Zeitalter, Vespasianus Augustus, der einer erschöpften Welt zu Hilfe kommt. Das ist uralter Brauch, solche Menschen für ihre großen Verdienste aus Dankbarkeit als Götter anzusehen. So gehen auch die Namen von Göttern und auch die von den vorher erwähnten Sternen auf Menschen mit verdienstvollen Taten zurück.[12]

Dass freilich Jupiter oder Merkur sich so oder andere sich untereinander anders nennen und dass es eine himmlische Benennungsweise gibt: Wer sollte da nicht zugeben, dass dies bei [vernünftiger] Ausdeutung der Natur lächerlich ist. Dass sich das höchste Wesen, was es auch immer sei, um die Angelegenheiten der Menschen kümmert oder dass es durch eine so traurige und vielseitige Tätigkeit nicht beschmutzt werde: was davon sollen wir glauben oder bezweifeln?[13] Es lässt sich wahrhaftig kaum entscheiden, was für das Menschengeschlecht zuträglicher ist. Die

aliis pudendus. externis famulantur sacris ac digitis deos gestant, monstra quoque colunt, damnant et excogitant cibos, imperia dira in ipsos, ne somno quidem quieto, inrogant. non matrimonia, non liberos, non denique quicquam aliud nisi iuvantibus sacris deligunt. alii in Capitolio fallunt ac fulminantem periurant Iovem. et hos iuvant scelera, illos sacra sua poenis agunt.

Invenit tamen inter has utrasque sententias medium sibi ipsa mortalitas numen, quo minus etiam plana de deo coniectatio esset. toto quippe mundo et omnibus locis omnibusque horis omnium vocibus Fortuna sola invocatur ac nominatur, una accusatur, rea una agitur, una cogitatur, sola laudatur, sola arguitur et cum conviciis colitur, volucris volubilisque, a plerisque vero et caeca existimata, vaga, inconstans, incerta, varia indignorumque fautrix. huic omnia expensa, huic feruntur accepta, et in tota ratione mortalium sola utramque paginam facit, adeoque obnoxiae sumus sortis, ut prorsus ipsa pro deo sit qua deus probatur incertus.

pars alia et hanc pellit astroque suo eventus adsignat et nascendi legibus, semelque in omnes futuros umquam deo decretum, in reliquum vero otium datum. sedere coepit

einen bezeugen den Göttern ja gar keinen Respekt, andere aber verehren sie in unziemlicher Weise. Sie machen sich zu Dienern fremder Heiligtümer,[14] tragen Götter am Finger, pflegen dazu noch absonderliche Bräuche, verbieten bestimmte Speisen und ersinnen neue und legen sich ein so hartes Joch auf, dass sie nicht einmal im Schlaf ihre Ruhe haben. Keine Ehen werden geschlossen, keine Kinder aufgezogen, ja es wird überhaupt nichts unternommen ohne die Unterstützung durch heilige Handlungen. Und dann gibt es wieder andere, die selbst auf dem Kapitol Lug und Trug üben, indem sie Meineide schwören beim blitzenden und donnernden Jupiter[15]. Und ihnen helfen ihre Verbrechen, den anderen aber wird ihr frommes Tun zur Pein.

In der Mitte zwischen diesen beiden Ansichten [dass die Götter sich um die Menschen kümmern oder nicht] hat sich die Menschheit jedoch ein eigenes Götterwesen erfunden, damit noch weniger Gewissheit über das Göttliche bestände: In der ganzen Welt, an allen Orten und zu jeder Zeit wird wie aus einem Munde allein Fortuna angerufen und genannt. Sie allein wird angeklagt und beschuldigt, nur sie hat man im Sinn, sie lobt man, rügt man und verehrt sie trotz aller Vorwürfe. Als flüchtig und wandelbar wird sie angesehen, von den meisten sogar als blind, und unbeständig, unsicher, wechselnd, den Unwürdigen zugeneigt. Ihr wird aller Verlust, ihr aller Gewinn zugeschrieben, und im Rechnungsbuch der Menschen füllt sie allein die Einnahmen- und die Ausgabenseite. So sehr sind wir also dem Zufall und Schicksal unterworfen, dass dies geradezu als Gottheit gilt, wodurch sich Gott als eine unsichere Größe erweist.

Wieder andere verwerfen auch diese Auffassung und schreiben die Geschehnisse ihrem Gestirn zu und dessen Stand bei ihrer Geburt. Sie glauben, die Gottheit habe alles Zukünftige ein für alle Mal beschlossen, im Übrigen aber verharre sie in göttlicher Ruhe. Diese Meinung gewinnt

sententia haec, pariterque et eruditum vulgus et rude in eam cursu vadit. ecce fulgurum monitus, oraculorum praescita, haruspicum praedicta atque etiam parva dictu in auguriis sternumenta et offensiones pedum. Divus Augustus prodidit laevum sibi calceum praepostere inductum quo die seditione militari prope adflictus est. quae singula inprovidam mortalitatem involvunt, solum ut inter ista vel certum sit nihil esse certi nec quicquam miserius homine aut superbius. ceteris quippe animantium sola victus cura est, in quo sponte naturae benignitas sufficit, uno quidem vel praeferendo cunctis bonis, quod de gloria, de pecunia, ambitione superque de morte non cogitant.

Verum in his deos agere curam rerum humanarum credi ex usu vitae est poenasque maleficiis aliquando seras, occupato deo in tanta mole, numquam autem inritas esse nec ideo proximum illi genitum hominem, ut vilitate iuxta beluas esset. inperfectae vero in homine naturae praecipua solatia, ne deum quidem posse omnia – namque nec sibi potest mortem consciscere, si velit, quod homini dedit optimum in tantis vitae poenis, nec mortales aeternitate donare aut revocare defunctos nec facere ut qui vixit non vixerit, qui honores gessit non gesserit – nullumque habere

immer mehr Boden und findet Zulauf bei der gelehrten wie der ungelehrten Bevölkerung. Daher nun die Warnungen aufgrund von Blitzen, die Voraussagen der Orakel, die Prophezeiungen der Eingeweidebeschauer, und um auch Geringfügiges zu nennen, die Vorbedeutungen beim Niesen oder wenn man mit dem Fuß anstößt. Der göttliche Augustus erzählte, an dem Tag, an dem er durch eine Militärrevolte in ernste Gefahr geraten war, da habe man ihm den linken Schuh verkehrt angezogen.[16] All dies verwirrt die unwissende Menschheit nur noch mehr, so dass schließlich dabei nur noch eines gewiss ist, dass es nichts Gewisses gibt. Und dass es kein Wesen gibt, das so elend und zugleich so überheblich ist wie der Mensch. Die übrigen Lebewesen kennen nämlich nur die Sorge für ihre Nahrung, die ihnen die Natur in ihrer Güte ausreichend spendet. Und sie haben jedenfalls eines, das allen Gütern vorzuziehen ist, dass sie nämlich nicht an Ruhm, an Geld, an Ehrgeiz, ja darüber hinaus nicht einmal an den Tod denken.

Dabei ist der Glaube, dass die Götter sich um die menschlichen Angelegenheiten kümmern, durchaus von Nutzen für das menschliche Leben. Dazu gehört, dass die Strafen für die Missetäter zwar bisweilen später eintreffen,[17] da die Gottheit von einer so gewaltigen Last ihrer Aufgabe in Anspruch genommen ist, dass sie aber niemals wirkungslos bleiben. Der Mensch ist nicht dafür geschaffen, der Gottheit am nächsten zu stehen, um sich dann in seiner Gemeinheit auf eine Stufe mit den Tieren zu begeben. Für die unvollkommene menschliche Natur ist es aber ein starker Trost, dass auch Gott nicht alles vermag. So kann er sich nicht selbst den Tod geben, wenn er will: das beste Geschenk, das er dem Menschen in den Mühen und Plagen seines Lebens gemacht hat. Er kann auch Sterblichen nicht die Unsterblichkeit verleihen noch Tote ins Leben zurückrufen, noch bewirken, dass jemand, der lebte, nicht gelebt hat, oder dass einer, der Ehrenämter

in praeterita ius praeterquam oblivionis atque (ut facetis quoque argumentis societas haec cum deo copuletur) ut bis dena viginti non sint aut multa similiter efficere non posse. per quae declaratur haud dubie naturae potentia idque esse quod deum vocemus. in haec divertisse non fuerit alienum, vulgata propter adsiduam quaestionem de deo.

2,154–155

Sequitur terra, cui uni rerum naturae partium eximia propter merita cognomen indidimus maternae venerationis. sic hominum illa, ut caelum dei, quae nos nascentes excipit, natos alit semelque editos et sustinet semper, novissime conplexa gremio iam a reliqua natura abdicatos, tum maxime ut mater operiens, nullo magis sacra merito quam quo nos quoque sacros facit. etiam monimenta ac titulos gerens nomenque prorogans nostrum et memoriam extendens contra brevitatem aevi, cuius numen ultimum iam nullis precamur irati grave, tamquam nesciamus hanc esse solam quae numquam irascatur homini. aquae subeunt in imbres, rigescunt in grandines, tumescunt in fluctus, praecipitantur in torrentes; aër densatur nubibus, furit procellis: at haec benigna, mitis, indulgens ususque mortalium

innegehabt hat, diese nicht besessen habe. Auch hat er kein anderes Recht über die Vergangenheit, als sie zu vergessen, oder, um uns Menschen mit der Gottheit auch durch spaßhafte Beweise zu verbinden: Gott kann nicht machen, dass zweimal zehn nicht zwanzig ist, und dergleichen mehr. Daraus wird ohne Zweifel klar, dass alles nach den Gesetzen der Natur abläuft und dass sie das ist, was wir Gott nennen. Diese Abschweifung war hier wohl durchaus nicht fehl am Platz, da man bei dem ständigen Fragen nach dem Wesen Gottes immer wieder darauf zu sprechen kommt.

2,154–155

Nun folgt die Erde, und sie allein von allen Teilen der Welt wird von uns, ihrer besonders großen Verdienste wegen, verehrt und Mutter genannt.[18] Sie gehört so zu den Menschen wie der Himmel zu Gott. Bei der Geburt nimmt sie uns auf, sie ernährt uns nach der Geburt und lässt uns heranwachsen, sie erhält und erträgt uns fortwährend unsere ganze Lebenszeit hindurch. Zuletzt, wenn sich schon die übrige Natur von uns losgesagt hat, nimmt sie uns wieder in ihren Schoß auf und deckt uns zu, ganz wie eine Mutter. Durch kein Verdienst ist sie uns so heilig, als dadurch, dass sie auch uns heilig macht. Sie trägt sogar unsere Grabmäler und Grabinschriften und verlängert so die Dauer unseres Namens und die Erinnerung an uns, ganz im Gegensatz zur Kürze unseres Lebens. Wir bitten ihr göttliches Wesen, sie möge zuletzt keinem Menschen im Zorne schwer sein, als ob wir nicht wüssten, dass allein sie es ist, die niemals gegen einen Menschen Zorn hegt. Die Wasser werden zu Regen, erstarren zu Hagel, schwellen an zu Fluten und stürzen als reißende Ströme dahin. Die Luft verdichtet sich zu Wolken und wütet in Stürmen. Die Erde aber ist gütig, mild, geduldig und eine für die sterblichen Menschen stets bereite Dienerin. Was erzeugt

semper ancilla, quae coacta generat, quae sponte fundit, quos odores saporesque, quos sucos, quos tactus, quos colores! quam bona fide creditum faenus reddit! quae nostra causa alit!

sie nicht alles durch Bearbeitung, was lässt sie von sich aus wachsen! Was gibt es da für wohlriechende und wohlschmeckende Dinge für Speisen und Säfte, angenehm zum Anfassen oder herrlich in den Farben. Mit welcher Treue gibt sie ihr anvertrautes Gut mit Zinsen zurück, und was ernährt sie nicht alles unsertwillen!

18,1–5

Sequitur natura frugum hortorumque ac florum quaeque alia praeter arbores aut frutices benigna tellure proveniunt, vel per se tantum herbarum inmensa contemplatione, si quis aestimet varietatem, numerum, flores, odores coloresque et sucos ac vires earum, quas salutis aut voluptatis hominum gratia gignit.

qua in parte primum omnium patrocinari terrae et adesse cunctorum parenti iuvat, quamquam inter initia operis defensae. quoniam tamen ipsa materia accedimus ad reputationem eiusdem parientis et noxia: nostris eam criminibus urguemus nostramque culpam illi inputamus. genuit venena. sed quis invenit illa praeter hominem? cavere ac refugere alitibus ferisque satis est. atque cum arbore exacuant limentque cornua elephanti et uri, saxo rhinocerotes, utroque apri dentium sicas, sciantque ad nocendum praeparare se animalia, quod tamen eorum excepto homine et tela sua venenis tinguit? nos et sagittas tinguimus ac ferro ipsi nocentius aliquid damus, nos et flumina inficimus et rerum naturae elementa, ipsumque quo vivitur aerem in perniciem vertimus. neque est, ut putemus ignorari ea ab animalibus; quae praepararent contra serpentium dimicationes, quae post proelium ad medendum excogitarent, indi-

Die Fürsorglichkeit der Mutter Erde

18,1–5
Es folgt die Beschaffenheit der Feldfrüchte, der Gärten und Blumen und was sonst noch, außer den Bäumen und Sträuchern, aus der gütigen Erde hervorkommt:[19] Allein schon die Betrachtung der Kräuter führt ja ins Unermessliche, wenn man sie würdigen will in ihrer Vielfalt und Anzahl, mit ihren Blüten, Gerüchen und Farben, den Säften und Kräften, mit allem, was sie zur Gesundheit oder zur Freude des Menschen hervorbringt.

Hier muss ich sie, die Mutter aller Dinge, aber gleich in Schutz nehmen, obwohl ich sie bereits zu Anfang meines Werkes verteidigt habe [2,154 ff.]. Weil wir jedoch durch die Materie selbst zu dem Gedanken geführt werden, ebendiese Erde bringe auch Schädliches hervor: Wir laden ihr unsere eigenen Vergehen auf und schieben die Schuld daran auf sie. Sie hat Gifte hervorgebracht. Ja, doch wer hat sie entdeckt und verwendet? Nur der Mensch. Den Vögeln und den wilden Tieren genügt es, sich davor zu hüten und sie zu meiden. Und die Elefanten und Auerochsen wetzen und schärfen ihre Stoßzähne und Hörner zum Angriff an einem Baum, die Nashörner an einem Felsen, die Eber schärfen ihre dolchartigen Hauer an beidem. Die Tiere wissen, dass sie sich, wenn sie Schaden zufügen wollen, dazu vorbereiten müssen. Welches Geschöpf aber – außer dem Menschen – tränkt seine Waffen auch noch mit Gift? Wir bestreichen auch Pfeile damit und machen so das Eisen selbst noch schädlicher; wir vergiften auch die Flüsse und die Elemente der Natur, und selbst unser Lebenselement, die Luft, verderben wir.[20] Wir sollen nicht glauben, die Tiere würden keine Gifte kennen; wir haben ja erwähnt, wie sie sich vorbereiten zum Kampf gegen Schlangen, und welche Heilmittel sie sich für den Gebrauch nach dem Kampf ersonnen haben[21] [8,87 f.; 97–101]. Aber mit

cavimus. nec ab ullo praeter hominem veneno pugnatur alieno. fateamur ergo culpam ne iis quidem, quae nascuntur, contenti; etenim quanto plura eorum genera humana manu fiunt! quid? non et homines quidem ut venena nascuntur? atra ceu serpentium lingua vibrat tabesque animi contacta adurit culpantium omnia ac dirarum alitum modo tenebris quoque suis et ipsarum noctium quieti invidentium gemitu, quae sola vox eorum est, ut inauspicatarum animantium vice obvii quoque vetent agere aut prodesse vitae. nec ullum aliud abominati spiritus praemium novere quam odisse omnia. verum et in hoc eadem naturae maiestas. quanto plures bonos genuit ut fruges! quanto fertilior in his, quae iuvent alantque! quorum aestimatione et gaudio nos quoque, relictis exustioni suae istis hominum rubis, pergemus excolere vitam eoque constantius, quo operae nobis maior quam famae gratia expetitur.

2,43
non sumus profecto grati erga eos qui labore curaque lucem nobis aperuere in hac luce, miraque humani ingeni peste sanguinem et caedes condere annalibus iuvat, ut scelera hominum noscantur mundi ipsius ignaris.

fremdem Gift kämpft außer dem Menschen kein Lebewesen. Bekennen wir also unsere Schuld: Wir sind nicht einmal mit den Giften zufrieden, die auf der Erde wachsen – wie viel mehr Arten werden vielmehr von menschlicher Hand zubereitet! Und wahrhaftig: Kommen denn nicht Menschen hervor wie Gift? Ihre schwarze Zunge vibriert wie die der Schlangen, die Pest ihres Geistes verdirbt und verzehrt alles, was sie berühren. Wie düstere Vögel der Finsternis, die uns mit ihrem Krächzen, dem einzigen Laut, den ihre Stimme hervorbringt, die Nachtruhe missgönnen, so begegnen uns diese Menschen wie Tiere, die Unglück bringen, und wollen uns auch davon abhalten, das Rechte zu tun und ein nutzbringendes Leben zu führen. Keinen anderen Sinn und Zweck kennen sie in ihrer schändlichen Gesinnung, als alles mit Hass zu verfolgen. Aber gerade hierin zeigt sich die Größe der Natur: Wie viel mehr gute Menschen hat sie doch erschaffen, gerade wie bei den Früchten und Gewächsen! Wie viel fruchtbarer ist sie doch in den Dingen, die uns wohltun und ernähren! Diese wollen wir betrachten und uns daran freuen, die üblen Menschen aber wollen wir in Schimpf und Schande sitzen lassen. Ich möchte jedenfalls weiterhin ein Leben zu allgemeinem Nutzen führen und das umso nachdrücklicher, weil es mir mehr um diese Wirksamkeit geht als darum, berühmt zu werden.[22]

2,43

Wir sind wahrhaftig gar nicht dankbar gegenüber denjenigen, die uns durch ihre mühevolle, sorgsame Tätigkeit Erleuchtung gebracht haben über diese Leuchte des Himmels.[23] Es ist doch geradezu eine seltsame Krankheit des menschlichen Geistes, dass es uns gefällt, in unseren Geschichtsbüchern nur Kriege und Blutvergießen festzuhalten, so dass man von der menschlichen Schlechtigkeit erfährt, aber gleichzeitig nichts weiß über das Walten der Natur.

7,1–5

Mundus et in eo terrae, gentes, maria, flumina insignia, insulae, urbes ad hunc modum se habent, animantium in eodem natura nullius prope partis contemplatione minore, etsi omnia quidem exsequi humanus animus nequeat.

Principium iure tribuetur homini, cuius causa videtur cuncta alia genuisse natura magna, saeva mercede contra tanta sua munera, non ut sit satis aestimare, parens melior homini an tristior noverca fuerit. ante omnia unum animantium cunctorum alienis velat opibus. ceteris varie tegimenta tribuit, testas, cortices, coria, spinas, villos, saetas, pilos, plumam, pinnas, squamas, vellera; truncos etiam arboresque cortice, interdum gemino, a frigoribus et calore tutata est: hominem tantum nudum et in nuda humo natali die abicit ad vagitus statim et ploratum, nullumque tot animalium aliud ad lacrimas, et has protinus vitae principio; at Hercule risus praecox ille et celerrimus ante XL diem nulli datur. ab hoc lucis rudimento quae ne feras quidem inter nos genitas vincula excipiunt et omnium membrorum nexus; itaque feliciter natus iacet manibus pedibusque devinctis, flens animal ceteris imperaturum, et a suppliciis

Vom Menschen und seiner Stellung in der Natur

7,1–5
So verhält es sich mit der Welt und den Ländern in ihr, den Völkern, den Meeren, den wichtigsten Flüssen, Inseln und Städten. Die auf der Erde lebenden Geschöpfe aber sind ihrer Natur nach keineswegs weniger der Betrachtung wert, wenn auch der menschliche Geist gar nicht in der Lage ist, alles bis ins Letzte zu erforschen.

Der erste Platz wird zu Recht dem Menschen zugewiesen werden; seinetwegen hat ja, wie es scheint, die Natur in ihrer Größe alles Übrige geschaffen.[24] Freilich hat sie für ihre reichen Gaben einen schrecklich hohen Preis festgesetzt, so dass man nicht recht entscheiden kann, ob sie dem Menschen gegenüber mehr eine gute Mutter oder eher eine böse Stiefmutter gewesen ist. Zunächst hat sie ihn, als einziges von allen Lebewesen, mit fremder Ausstattung bekleidet. Den Übrigen hat sie vielerlei Umhüllungen verliehen: Schalen, Panzer, dicke Haut, Stacheln, Zottelfell, Borsten, dichte Behaarung, Flaum, Federn, Schuppen und Wolle. Sogar die Stämme der Bäume hat sie mit einer Rinde, zuweilen sogar einer doppelten, gegen Frost und Hitze geschützt. Nur den Menschen setzt sie bei der Geburt nackt und bloß auf der bloßen Erde aus,[25] und sogleich ist Jammern und Klagen sein Los, und was kein anderes von so vielen Lebewesen hat, das Weinen. Tränen gleich zu Beginn seines Lebens – wahrlich, das Lächeln, das so voreilig und ganz flüchtig über sein Gesicht hinzieht, das ist ihm nicht vor dem 40. Tage vergönnt.[26] Von diesem allerersten Moment an, wenn er ans Licht tritt, wird er, was nicht einmal die unter uns geborenen Tiere erleiden müssen, mit Binden eingeschnürt und an allen Gliedern gefesselt. So liegt das glücklich zur Welt gekommene Kind da, eingewickelt, gebunden an Händen und Füßen,[27] weinend – das Geschöpf, das die übrigen beherrschen soll.

vitam auspicatur unam tantum ob culpam, qua natum est. heu dementia ab his initiis existimantium ad superbiam se genitos!

prima roboris spes primumque temporis munus quadripedi similem facit. quando homini incessus! quando vox! quando firmum cibis os! quam diu palpitans vertex, summae inter cuncta animalia inbecillitatis indicium! iam morbi totque medicinae contra mala excogitatae, et hae quoque subinde novitatibus victae! et cetera sentire naturam suam, alia pernicitatem usurpare, alia praepetes volatus, alia nare: hominem nihil scire, nihil sine doctrina, non fari, non ingredi, non vesci, breviterque non aliud naturae sponte quam flere! itaque multi extitere qui non nasci optimum censerent aut quam ocissime aboleri.

uni animantium luctus est datus, uni luxuria et quidem innumerabilibus modis ac per singula membra, uni ambitio, uni avaritia, uni inmensa vivendi cupido, uni superstitio, uni sepulturae cura atque etiam post se de futuro. nulli vita fragilior, nulli rerum omnium libido maior, nulli pavor confusior, nulli rabies acrior. denique cetera animantia in suo genere probe degunt. congregari videmus et stare contra dissimilia: leonum feritas inter se non dimicat, serpen-

Als eine Strafe beginnt es sein Leben, nur wegen der einzigen Schuld, geboren zu sein! Was für Verrückte sind das, die sich nach solch einem Anfang einbilden, sie seien zu Stolz und Überheblichkeit auf die Welt gekommen!

Die erste Regung von Kraft, das erste Geschenk der Zeit, macht ihn einem vierfüßigen Tier ähnlich. Wann lernt der Mensch endlich das Gehen! Wann das Sprechen! Wann ist sein Mund fest genug für richtige Speisen! Wie lange klopft sein Scheitel[28], der Beweis, dass er unter allen Wesen das Schwächste ist! Dann die Krankheiten und so viele Heilmittel, die gegen die Übel ersonnen werden, und auch diese werden bald schon wieder durch neue Übel ihrer Wirkung beraubt. Und dann sehe man nur die übrigen Lebewesen, wie sie sich ihrer natürlichen Anlagen sicher sein können: Die einen nutzen ihre schnellen Füße, die anderen ihren raschen Flug, wieder andere schwimmen – nur der Mensch vermag gar nichts, ohne dass er es gelernt hat: Er kann nicht sprechen, nicht gehen, nicht essen, kurz, er kann von Natur aus nichts anderes als weinen. Daher hat es viele gegeben, die es für das Beste hielten, nicht geboren zu werden oder möglichst bald wieder von hier zu scheiden.[29]

Von allen lebenden Wesen ist dem Menschen allein die Trauer gegeben, ihm allein aber auch die Genusssucht, und zwar auf alle möglichen Weisen und für jedes einzelne Körperglied. Er allein kennt Ehrgeiz und Habsucht, er allein maßlose Lebensgier, Aberglauben, Sorge um sein Begräbnis und sogar noch die Sorge für die künftige Zeit nach seinem Tod. Kein Geschöpf hat ein so hinfälliges Leben, aber dabei eine so große Begierde nach allem, was es gibt; keines kennt solche Angst und Verwirrung, keines aber auch solch rasende Wut. Schließlich und endlich leben die Tiere mit ihren Artgenossen friedlich zusammen, wir sehen sie zu Herden und Rudeln vereinigt; nur gegen fremde Arten treten sie feindlich auf. Löwen richten ihre Wildheit nicht gegen ihresgleichen, der Biss der Schlangen

tium morsus non petit serpentes, ne maris quidem beluae ac pisces nisi in diversa genera saeviunt. at Hercule homini plurima ex homine sunt mala.

7,188–190

Eadem enim vanitas in futurum etiam se propagat et in mortis quoque tempora ipsa sibi vitam mentitur, alias inmortalitatem animae, alias transfigurationem, alias sensum inferis dando et manes colendo deumque faciendo qui iam etiam homo esse desierit, ceu vero ullo modo spirandi ratio ceteris animalibus distet aut non diuturniora in vita multa reperiantur, quibus nemo similem divinat inmortalitatem. quod autem corpus animae per se? quae materia? ubi cogitatio illi? quo modo visus, auditus aut qui tangit? quis usus ex iis aut quod sine iis bonum? quaę deinde sedes quantave multitudo tot saeculis animarum velut umbrarum? puerilium ista delenimentorum avidaeque numquam desinere mortalitatis commenta sunt. similis et de adservandis corporibus hominum ac revivescendi promisso Democriti vanitas, qui non revixit ipse. quae, malum, ista dementia est iterari vitam morte? quaeve genitis quies umquam, si in sublimi sensus animae manet, inter inferos umbrae? perdit profecto ista dulcedo credulitasque praecipuum naturae bonum, mortem, ac duplicat obituri dolo-

gilt keiner Schlange, und selbst die Ungeheuer des Meeres und die Fische wüten nur gegen fremde Arten. Der Mensch aber, wahrhaftig, er verdankt seine meisten Übel dem Menschen selbst.[30]

7,188–190

Und die immer gleiche menschliche Eitelkeit will sich sogar ausdehnen in die Zukunft. Für die Zeit des Totseins gaukelt sie sich ein Leben vor, indem sie den Abgeschiedenen bald die Unsterblichkeit der Seele zuschreibt, bald eine Umgestaltung in Form einer Seelenwanderung oder ein Bewusstsein nach dem Tod. Man verehrt die Toten als Manen, als Schattengeister, und macht den zum Gott, der nur gerade aufgehört hat, ein Mensch zu sein – als ob dieser sich als atmendes Lebewesen irgendwie von anderen unterscheiden würde. Dabei gibt es ja viele andere Wesen, die länger auf der Welt sind, ohne dass man ihnen in ähnlicher Weise eine Unsterblichkeit voraussagt. Welche Gestalt hat nun aber die Seele an sich? Aus welchem Stoff besteht sie? Wo ist der Sitz ihrer Denkkraft? Wie sieht, hört oder fühlt sie? Wie gebraucht sie diese Sinne, oder, wenn sie sie nicht besitzt, was ist daran Gutes? Wo ist endlich ihr Wohnsitz nach dem Tode, und wie groß ist die Menge der Seelen oder Schatten in all diesen Äonen? Das sind kindische Einbildungen, Beschwichtigungsmittel für die zur Sterblichkeit verurteilte Menschennatur, die gierig danach strebt, niemals aufzuhören. Ähnlich töricht ist die Sorge für die Konservierung menschlicher Körper und die Verheißung Demokrits über ihr Wiederaufleben.[31] Er selbst wurde ja auch nicht wieder lebendig. Welch ein Unsinn, zu behaupten, dass mit dem Tod ein neues Leben beginne! Wie kann der Mensch je Ruhe finden, wenn seine Seele oben und sein Schatten in der Unterwelt Empfindung behalten? Wahrhaftig, mit diesem süßen Wahn zerstört man die besondere Wohltat der Natur, den Tod, und verdoppelt den Schmerz dessen, der aus dem Leben geht, denn er muss

rem etiam post futuri aestimatione. etenim si dulce vivere est, cui potest esse vixisse? at quanto facilius certiusque sibi quemque credere, specimen securitatis antegenitali sumere experimento!

sich nun auch noch um sein künftiges Dasein sorgen. Wenn es nämlich süß ist zu leben, wem kann es dann süß sein, gelebt zu haben? Wie viel leichter und sicherer ist es doch, nur sich selbst zu glauben, sich den Zustand vor unserer Geburt vorzustellen und danach auf die Ruhe nach dem Tode zu schließen!

8,44

Alexandro Magno rege inflammato cupidine animalium naturas noscendi delegataque hac commentatione Aristoteli, summo in omni doctrina viro, aliquot milia hominum in totius Asiae Graeciaeque tractu parere iussa, omnium quos venatus, aucupia piscatusque alebant quibusque vivaria, armenta, alvaria, piscinae, aviaria in cura erant, ne quid usquam genitum ignoraretur ab eo. quos percunctando quinquaginta ferme volumina illa praeclara de animalibus condidit. quae a me collecta in artum cum iis, quae ignoraverat, quaeso ut legentes boni consulant, in universis rerum naturae operibus medioque clarissimi regum omnium desiderio cura nostra breviter peregrinantes.

8,1–18; 20–21

Ad reliqua transeamus animalia et primum terrestria.

Maximum est elephans proximumque humanis sensibus, quippe intellectus illis sermonis patrii et imperiorum obedientia, officiorum quae didicere memoria, amoris et gloriae voluptas, immo vero, quae etiam in homine rara, probitas, prudentia, aequitas, religio quoque siderum solis-

Die Tierwelt

8,44
König Alexander der Große war entflammt von der Begierde, die Natur der Tiere kennen zu lernen, und er beauftragte Aristoteles, einen in jeder Disziplin hervorragenden Gelehrten, mit der Erforschung dieses Gebietes. Einige tausend Leute in ganz Kleinasien und Griechenland, die sich alle von der Jagd, von Vogelfang und Fischerei ernährten und die Wildgehege, Viehherden, Bienenstöcke, Fischteiche und Vogelhäuser zu betreuen hatten, sie erhielten alle den Befehl, Alexanders Wünschen entsprechend dabei mitzuarbeiten, damit ihm kein Lebewesen unbekannt bliebe. Aufgrund dieser Berichte verfasste Aristoteles seine fast fünfzig berühmten Bücher über die Tiere. Ich habe daraus eine kürzere Zusammenfassung gemacht und das hinzugefügt, was ihm unbekannt war. Und ich bitte die Leser um ihr Wohlwollen, wenn sie unter meiner Führung nun eine kurze Wanderung durch das gesamte Reich der Natur antreten, mit dem Schwerpunkt auf der Tierwelt, so wie es sich der berühmteste aller Könige wünschte.

Elefanten

8,1–18; 20–21
Nun wollen wir zu den übrigen Lebewesen übergehen, und zwar zuerst zu den Landtieren. Das größte unter ihnen ist der Elefant, und er steht dem Menschen in seinen Verstandesregungen am nächsten. Er versteht nämlich die Sprache seines Landes, gehorcht den Befehlen, merkt sich, was er zu tun gelernt hat, und zeigt Freude an Liebe und Ruhm. Ja, er besitzt sogar Tugenden, die selbst beim Menschen selten sind, Rechtschaffenheit, Klugheit und Gerech-

que ac lunae veneratio. auctores sunt in Mauretaniae saltibus ad quendam amnem, cui nomen est Amilo, nitescente luna nova greges eorum descendere ibique se purificantes sollemniter aqua circumspergi atque ita salutato sidere in silvas reverti vitulorum fatigatos prae se ferentes. alienae quoque religionis intellectu creduntur maria transituri non ante naves conscendere quam invitati rectoris iureiurando de reditu, visique sunt fessi aegritudine, quando et illas moles infestant morbi, herbas supini in caelum iacientes, veluti tellure precibus allegata. nam, quod ad docilitatem attinet, regem adorant, genua submittunt, coronas porrigunt. Indis arant minores, quos appellant nothos.

Romae iuncti primum subiere currum Pompei Magni Africano triumpho, quod prius India victa triumphante Libero patre memoratur. Procilius negat potuisse Pompei triumpho iunctos egredi porta. Germanici Caesaris munere gladiatorio quosdam etiam inconditos meatus edidere saltantium modo. vulgare erat per auras arma iacere, non auferentibus ventis, atque inter se gladiatorios congressus edere aut lascivienti pyrriche conludere. postea et per funes incessere, lecticis etiam ferentes quaterni singulos pu-

tigkeitsgefühl. Er verehrt auch die Gestirne und huldigt Sonne und Mond. Wie Gewährsmänner berichten, kommen in den Waldgebirgen Mauretaniens Herden von Elefanten beim ersten Schimmer des Neumonds herab zu einem Fluss namens Amilo und reinigen sich dort feierlich, indem sie sich ringsum mit Wasser besprengen. Wenn sie das Gestirn auf diese Weise begrüßt haben, kehren sie wieder in ihre Wälder zurück. Dabei tragen sie ihre ermüdeten Jungen vor sich auf den Stoßzähnen. Man glaubt, dass sie auch anderen [Lebewesen] frommes Verhalten zutrauen. So sollen sie, wenn sie über das Meer gebracht werden, nicht eher die Schiffe besteigen, bis ihr Führer sie eingeladen hat mit einem eidlichen Versprechen, sie wieder zurückzubringen. Man hat kranke Elefanten gesehen – denn auch diese Kolosse werden von Krankheiten geplagt –, wie sie auf dem Rücken liegend Kräuter gen Himmel warfen, gerade als ob sie die Erde zur Fürsprecherin nehmen wollten. Was ihre Gelehrigkeit angeht, so lassen sie es sich beibringen, den Herrscher zu verehren, die Knie vor ihm zu beugen und ihm Kränze zu reichen. Die Inder nehmen die kleineren, die sie die Unechten nennen, zum Pflügen.

In Rom wurden sie zuerst eingespannt, um den Wagen Pompeius' des Großen zu ziehen, als dieser seinen afrikanischen Triumph feierte. Ein solches Gespann hat lange vorher auch Bacchus [Dionysos] bei seinem Triumph über Indien gehabt, wie die Sage erzählt. Procilius[32] merkt an, das Gespann habe beim Triumphzug des Pompeius nicht nebeneinander durch das Tor schreiten können. Bei einem Gladiatorenkampf des Germanicus Caesar sollen einige Elefanten sogar ungelenke Tanzbewegungen gezeigt haben. Eine übliche Vorführung wurde es dann, dass sie Waffen in die Luft warfen, ohne dass der Wind sie verwehen konnte, wie Gladiatoren gegeneinander antraten oder einen spielerischen Kriegstanz aufführten. Später balancierten sie sogar auf Seilen, zu viert trugen sie einen Artgenossen, der eine Wöchnerin darstellen sollte, in einer Sänfte,

erperas imitantes, plenisque homine tricliniis accubitum iere per lectos ita libratis vestigiis, ne quis potantium attingeretur. certum est unum tardioris ingeni in accipiendis quae tradebantur, saepius castigatum verberibus, eadem illa meditantem noctu repertum. mirum et adversis quidem funibus subire, sed maxime regredi, utique pronis. Mucianus III consul auctor est aliquem ex iis et litterarum ductus Graecarum didicisse solitumque perscribere eius linguae verbis: »Ipse ego haec scripsi et spolia Celtica dicavi«, itemque se vidente Puteolis, cum advecti e nave egredi cogerentur, territos spatio pontis procul a continente porrecti, ut sese longinquitatis aestimatione fallerent, aversos retrorsus isse.

Praedam ipsi in se expetendam sciunt solam esse in armis suis, quae Iuba cornua appellat, Herodotus tanto antiquior et consuetudo melius dentes. quam ob rem deciduos casu aliquo vel senecta defodiunt. hoc solum ebur est; cetero et in his quoque, qua corpus intexit, vilitas ossea. quamquam nuper ossa etiam in laminas secari coepere paenuria: etenim rara amplitudo iam dentium praeterquam ex India reperitur; cetera in nostro orbe cessere luxuriae.

und sie gingen in Speisesälen voller Menschen so vorsichtig zwischen den Speisesofas hindurch, um ihre Plätze zwischen den Teilnehmern einzunehmen, dass sie keinen der Gäste auch nur berührten. Als Tatsache berichtet wird Folgendes: Ein Elefant, der sich beim Training etwas begriffsstutzig gezeigt und deshalb schon öfter Schläge bekommen hatte, wurde des Nachts angetroffen, wie er seine Lektion übte. Es ist schon ein wahres Wunder, dass sie auch auf einem schrägen Seil aufwärts gehen können, aber noch verwunderlicher ist es, dass sie dann von den abwärts gespannten Seilen auch wieder herunterkommen. Mucianus, immerhin ein Mann, der dreimal Konsul war, berichtet von einem Elefanten, der sogar griechische Buchstaben gelernt hatte. Er konnte in dieser Sprache den Satz niederschreiben: »Ich selbst habe dies geschrieben und die keltische Beute geweiht.« Derselbe Mann hat auch im Hafen von Puteoli ankommende Elefanten beobachtet. Als sie ausgeladen werden sollten, fürchteten sie sich, weil die Landebrücke vom Schiff zum Ufer gar so lang war. Und um sich selbst über die Länge hinwegzutäuschen, hätten sie sich umgewandt und seien rückwärts gegangen!

Sie wissen selbst, dass die einzige Beute, die man von ihnen zu gewinnen sucht, in ihren Waffen besteht. »Hörner« nennt sie der mauretanische König Juba[33] in seinem Werk über Afrika. Herodot, der doch so viel älter ist, nannte sie aber, dem allgemeinen Sprachgebrauch entsprechend, viel richtiger »Zähne«. Daher vergraben die Elefanten ihre Zähne, wenn sie ihnen durch irgendeinen Unfall oder im Alter ausfallen. Diese Zähne sind das wahre Elfenbein; das Übrige aber und was davon im Körper steckt, sind auch bei ihnen nur gewöhnliche Knochen. Freilich hat man vor kurzem damit angefangen, auch die Knochen in Platten zu schneiden, und zwar aus Mangel an echtem Elfenbein. Sehr große Zähne findet man nämlich, außer in Indien, nur noch selten. Die Übrigen sind in unserem Teil der Welt dem Luxus zum Opfer gefallen. Am besonderen Weiß er-

dentium candore intellegitur iuventa. circa hos beluis summa cura: alterius mucroni parcunt, ne sit proeliis hebes, alterius operario usu fodiunt radices, inpellunt moles; circumventique a venantibus primos constituunt quibus sint minimi, ne tanti proelium putetur, postea fessi inpactos arbori frangunt praedaque se redimunt.

Mirum in plerisque animalium scire quare petantur, sed et fere cuncta quid caveant. elephans homine obvio forte in solitudine et simpliciter oberrante clemens placidusque etiam demonstrare viam traditur; idem vestigio hominis animadverso prius quam homine intremescere insidiarum metu, subsistere ab olfactu, circumspectare, iras proflare nec calcare, sed erutum proximo tradere, illum sequenti, simili nuntio usque ad extremum, tunc agmen circumagi et reverti aciemque derigi. adeo omnium odori durare virus illud maiore ex parte ne nudorum quidem pedum.

sic et tigris, etiam feris ceteris truculenta atque ipsa elephanti quoque spernens vestigia, hominis viso transferre dicitur protinus catulos, quonam modo agnito, ubi ante conspecto illo quem timet? etenim tales silvas minime frequentari certum est. sane mirentur ipsam vestigii raritatem. sed unde sciunt timendi esse? immo vero cur vel ip-

kennt man die Jugend. Um ihre Zähne sorgen sich diese Riesentiere ganz besonders. Die Spitze des einen Zahnes schonen sie, damit er nicht stumpf wird und unbrauchbar zum Kämpfen. Den anderen aber benutzen sie als Werkzeug, wenn sie Wurzeln ausgraben oder Lasten wälzen. Wenn sie von Jägern eingekreist sind, stellen sie diejenigen mit den kleinsten Zähnen nach vorne, als wollten sie zeigen, dass sich der Kampf gar nicht lohne. Sind sie dann aber erschöpft, stoßen sie sich die Zähne an einem Baum ab und kaufen sich gewissermaßen frei, indem sie den Jägern die Beute überlassen.

Merkwürdig ist, dass die meisten Tiere wissen, weshalb man ihnen nachstellt. Und fast alle wissen auch, wovor sie sich zu hüten haben. Wenn der Elefant, so wird berichtet, zufällig einen Menschen in der Einöde trifft, der dort arglos umherschweift, dann ist er sanft und freundlich zu ihm und zeigt ihm sogar den Weg. Bemerkt er aber die Spur eines Menschen, bevor er ihn sieht, dann zittert er aus Furcht, in einen Hinterhalt zu geraten. Er bleibt stehen, nimmt die Witterung auf und schaut sich rings um. Zornig trompetet er und tritt nicht auf die Spur, sondern wühlt die Erde auf und gibt dem Nächsten hinter ihm etwas davon. Der gibt sie wieder dem Folgenden weiter, und auf diese Art kommt die Nachricht bis zum Letzten. Daraufhin wendet sich die ganze Herde um und stellt sich kampfbereit im Kreis auf. So deutlich erkennbar ist der Geruch für alle, obwohl die Spur meistens nicht einmal von nackten Füßen herrührt.

Und auch der Tiger, der doch grimmig wütet gegen alle anderen Tiere und den sogar die Fährte des Elefanten nicht beeindruckt, soll, wenn er die Spur eines Menschen gewahr wird, sogleich seine Jungen forttragen. Woher hat er aber diese Kenntnis, wo hat er vorher den gesehen, vor dem er Furcht hat? In solche Urwälder kommt doch kaum je ein Mensch. Diese Spur mag ihnen schon als ungewöhnlich auffallen, aber woher wissen die Tiere, dass sie zu fürchten

sius conspectum paveant, tanto viribus, magnitudine, velocitate praestantiores? nimirum haec est natura rerum, haec potentia eius, saevissimas ferarum maximasque numquam vidisse, quod debeant timere, et statim intellegere, cum sit timendum.

Elephanti gregatim semper ingrediuntur. ducit agmen maximus natu, cogit aetate proximus. amnem transituri minimos praemittunt, ne maiorum ingressu atterente alveum crescat gurgiti altitudo. Antipater auctor est duos Antiocho regi in bellicis usibus celebres etiam cognominibus fuisse; etenim novere ea. certe Cato, cum imperatorum nomina annalibus detraxerit, eum, qui fortissime proeliatus esset in Punica acie, Surum tradidit vocatum altero dente mutilato. Antiocho vadum fluminis experienti renuit Aiax, alioqui dux agminis semper. tum pronuntiatum eius fore principatum qui transisset, ausumque Patroclum ob id phaleris argenteis, quo maxime gaudent, et reliquo omni primatu donavit. ille, qui notabatur, inedia mortem ignominiae praetulit.

mirus namque pudor est, victusque vocem fugit victoris, terram ac verbenas porrigit. pudore numquam nisi in abdito coeunt, mas quinquennis, femina decennis. initur autem biennio quinis, ut ferunt, cuiusque anni diebus, nec

ist? Ja, warum zittern sie beim Anblick des Menschen, den sie doch an Kraft, Größe und Schnelligkeit so weit übertreffen? Freilich zeigt sich gerade darin die Natur in ihrer Macht: Selbst die wildesten und größten Tiere brauchen das gar nicht vorher gesehen zu haben, was sie fürchten müssen: Sie wissen auf Anhieb, wenn etwas zu fürchten ist.

Die Elefanten ziehen immer in Herden umher. Der Älteste führt den Zug an, der Nächstältere beschließt ihn. Wenn sie einen Fluss durchqueren wollen, schicken sie die Kleinsten voraus, damit durch die Tritte der Größeren das Flussbett nicht zu sehr ausgetreten und zu tief wird. Antipater überliefert, König Antiochos[34] habe zwei Kriegselefanten besessen, die sogar mit Namen bekannt waren: Sie verstehen diese wirklich und hören darauf. Cato hat in seinem Geschichtswerk die Namen von Feldherrn ausgelassen, er berichtet aber, der Elefant, der auf Seiten der Karthager am tapfersten gekämpft habe, sei Surus, Stumpf, genannt worden, weil einer seiner Zähne abgebrochen war. Als König Antiochos nun untersuchen wollte, ob die Furt eines Flusses gangbar war, weigerte sich der Elefant Aias, der sonst immer der Anführer war. Daraufhin ließ der König bekannt geben, derjenige solle fortan der Erste sein, der jetzt zuerst hinüberginge. Der Elefant Patroklos wagte es, und der König beschenkte ihn dafür mit einem silbernen Kopfschmuck, woran die Elefanten die größte Freude haben, und gab ihm alle übrigen Vorrechte des Anführers. Der andere aber, der dadurch gebrandmarkt war, zog den Hungertod der Schande vor. Sie besitzen nämlich ein bewundernswertes Ehr- und Schamgefühl:[35] Wenn einer besiegt ist, dann weicht er vor der Stimme des Siegers zurück und reicht ihm Erde und Zweige zur Versöhnung dar.

Aus ihrem Schamgefühl heraus paaren sie sich auch nur im Verborgenen, das männliche Tier erstmals im fünften, das weibliche im zehnten Jahr. Die Paarung erfolgt alle zwei Jahre und dauert, wie man sagt, nie länger als fünf

amplius; sexto perfunduntur amne, non ante reduces ad agmen. nec adulteria novere nullave propter feminas inter se proelia ceteris animalibus pernicialia, nec quia desit illis amoris vis, namque traditur unus amasse quandam in Aegypto corollas vendentem ac, ne quis vulgariter electam putet, mire gratam Aristophani celeberrimo in arte grammatica, alius Menandrum Syracusanum incipientis iuventae in exercitu Ptolemaei, desiderium eius, quotiens non videret, inedia testatus. et unguentariam quandam dilectam Iuba tradit. omnium amoris fuere argumenta gaudium a conspectu blanditiaeque inconditae, stipes, quas populus dedisset, servatae et in sinum effusae. nec mirum esse amorem quibus sit memoria. idem namque tradit agnitum in senecta multos post annos qui rector in iuventa fuisset; idem divinationem quandam iustitiae, cum Bocchus rex triginta elephantis totidem, in quos saevire instituerat, stipitibus adligatos obiecisset, procursantibus inter eos qui lacesserent, nec potuisse effici ut crudelitatis alienae ministerio fungerentur.

Elephantos Italia primum vidit Pyrri regis bello et boves Lucas appellavit in Lucanis visos anno urbis CCCCLXXII, Roma autem in triumpho VII annis ad superiorem numerum additis, eadem plurimos anno DII victo-

Tage. Am sechsten Tag baden sie sich in einem Fluss; dann erst kehren sie zur Herde zurück. Ehebruch kennen sie nicht; es gibt auch bei ihnen keine Kämpfe wegen der Weibchen, die bei anderen Tierarten oft auf Tod und Leben ausgefochten werden. Das kommt aber nicht daher, dass ihnen die Kraft des Liebesgefühls fehlte. Man erzählt ja, dass in Ägypten ein Elefant eine Blumenverkäuferin geliebt habe. Und man soll nicht glauben, er habe sich nur so irgendwen ausgesucht: Das Mädchen war auch dem hochberühmten Gelehrten Aristophanes[36] lieb und wert. Ein anderer Elefant liebte den Syrakusaner Menander, einen jungen Mann im Heer des Königs Ptolemaios, und bewies seine Neigung, indem er nichts fressen wollte, wenn er seinen Liebling nicht sah. Juba berichtet, dass einer auch eine Salbenhändlerin geliebt habe. Alle zeigten ihre Liebe durch Freude beim Wiedersehen, unbeholfene Zärtlichkeiten, und durch Geschenke, die sie vom Volk erhalten und aufgehoben hatten und die sie dann ihren Lieblingen in den Schoß schütteten. Eine solche Zuneigung ist kein Wunder bei Tieren, die über Gedächtnis verfügen. Der gleiche Gewährsmann berichtet nämlich von einem Elefanten, der im Alter, viele Jahre später, einen Mann wiedererkannt habe, der in der Jugend sein Führer gewesen war. Ebenso hätten die Elefanten ein Gefühl für Gerechtigkeit. König Bocchus[37] hätte einmal dreißig, die er grausam bestrafen wollte, an Pfähle angebunden. Er ließ ebenso viele andere Elefanten auf sie los, die von Leuten, die zwischen ihnen herumliefen, eigens gereizt wurden. Aber man konnte die Elefanten nicht dazu bringen, sich als Diener fremder Grausamkeit gebrauchen zu lassen.

Elefanten sah man in Italien zuerst während des Krieges mit König Pyrrhus [von Epirus] im 472. Jahr nach Gründung der Stadt [282 v. Chr.], und man nannte sie, weil man sie in Lukanien zum ersten Mal gesehen hatte, lukanische Ochsen. In Rom sah man sie erst sieben Jahre später bei einem Triumphzug. Im 502. Jahr aber [252 v. Chr.] kam eine

ria L. Metelli pontificis in Sicilia de Poenis captos. CXLII fuere aut, ut quidam, CXX, travecti ratibus quas doliorum consertis ordinibus inposuerat. Verrius eos pugnasse in circo interfectosque iaculis tradit paenuria consilii, quoniam neque ali placuisset neque donari regibus; L. Piso inductos dumtaxat in circum atque, ut contemptus eorum incresceret, ab operariis hastas praepilatas habentibus per circum totum actos. nec quid deinde iis factum sit auctores explicant qui non putant interfectos.

Clara est unius e Romanis dimicatio adversus elephantum, cum Hannibal captivos nostros dimicare inter sese coegisset. namque unum qui supererat obiecit elephanto, et ille dimitti pactus, si interemisset, solus in harena congressus magno Poenorum dolore confecit. Hannibal, cum famam eius dimicationis contemptum adlaturam beluis intellegeret, equites misit qui abeuntem interficerent. [...]

Pompei quoque altero consulatu, dedicatione templi Veneris Victricis, viginti pugnavere in circo aut, ut quidam tradunt, XVIII, Gaetulis ex adverso iaculantibus. [...] universi eruptionem temptavere, non sine vexatione populi, circumdatis claustris ferreis. qua de causa Caesar dictator postea simile spectaculum editurus euripis harenam circumdedit, quos Nero princeps sustulit equiti loca addens.

große Anzahl an, die beim Sieg des Pontifex Lucius Metellus über die Karthager in Sizilien erbeutet worden war. Es waren 142, andere sagen 120 Elefanten, und sie wurden auf Flößen übergesetzt, die Metellus hatte bauen lassen, indem man sie auf aneinandergelegten Tonnen befestigt hatte. Dem Bericht des Verrius zufolge hat man sie im Zirkus gegeneinander kämpfen lassen und sie dann mit Wurfspießen getötet, weil man nicht wusste, was man mit ihnen machen sollte. Denn man wollte sie weder durchfüttern noch an Könige verschenken. Lucius Piso sagt, man habe sie zwar in den Zirkus gebracht, sie dort aber nur von gewöhnlichen Tagelöhnern mit stumpfen Spießen in der ganzen Arena herumtreiben lassen, um sie der Verachtung preiszugeben. Was dann mit ihnen geschehen ist, darüber können die Schriftsteller, die nicht glauben, dass sie getötet wurden, freilich keine Auskunft geben.

Berühmt wurde der Kampf eines Römers gegen einen Elefanten, als Hannibal unsere Gefangenen zwang, gegeneinander zu kämpfen. Den Einzigen, der übrig geblieben war, stellte er einem Elefanten gegenüber und versprach ihm die Freiheit, wenn er das Tier töte. Der Soldat trat dem Elefanten ganz allein auf dem Kampfplatz gegenüber und tötete ihn, was die Karthager sehr ärgerte. Es war Hannibal klar, dass auf die Kunde von diesem Kampf hin der Respekt vor den Kolossen in Verachtung umschlagen würde. Daher schickte er dem siegreichen Römer Reiter hinterher, die ihn töten sollten. [...]

Bei den Spielen zur Einweihung des Tempels der Venus Victrix[38] im zweiten Konsulat des Pompeius haben 20 – andere sagen 18 – Elefanten im Zirkus gegen mit Wurfspießen bewaffnete Gätuler gekämpft. [...] Alle zusammen versuchten, zum Schrecken der Zuschauer, die eisernen Trenngitter zu durchbrechen. Deshalb ließ der Diktator Caesar später, als er ein ähnliches Schauspiel veranstalten wollte, die Arena mit einem Wassergraben umgeben, den aber Nero dann wieder zuschütten ließ, um zusätzliche

sed Pompeiani amissa fugae spe misericordiam vulgi inenarrabili habitu quaerentes supplicavere quadam sese lamentatione conplorantes, tanto populi dolore, ut oblitus imperatoris ac munificentiae honori suo exquisitae flens universus consurgeret dirasque Pompeio, quas ille mox luit, inprecaretur.

9,1–33

Animalium, quae terrestria appellavimus hominum quadam consortione degentia, indicata natura est. ex reliquis minimas esse volucres convenit. quam ob rem prius aequorum, amnium stagnorumque dicentur.

Sunt autem conplura in his maiora etiam terrestribus. causa evidens umoris luxuria. alia sors alitum quibus vita pendentibus. in mari autem, tam late supino mollique ac fertili nutrimento, accipiente causas genitales e sublimi semperque pariente natura pleraque etiam monstrifica reperiuntur, perplexis et in semet aliter atque aliter nunc flatu nunc fluctu convolutis seminibus atque principiis, vera ut fiat vulgi opinio, quicquid nascatur in parte naturae ulla, et in mari esse praeterque multa quae nusquam alibi. rerum quidem, non solum animalium, simulacra inesse li-

Sitzplätze für die Ritter zu schaffen. Als nun bei den Spielen des Pompeius die Elefanten keine Hoffnung mehr auf ein Entkommen hatten, flehten sie durch unbeschreiblich rührende Gebärden das Volk um Mitleid an, in Jammer und Klage über ihr Los. Das Volk wurde dadurch so schmerzlich bewegt, dass es nicht mehr an den Feldherrn und seine dem Volk zu Ehren bewiesene Großzügigkeit dachte. Alle standen auf, vergossen Tränen und stießen Verwünschungen gegen Pompeius aus, die ja auch bald an ihm in Erfüllung gingen.[39]

Wale

9,1–33
Die Tiere, die wir als Landtiere bezeichnet haben und die mit dem Menschen in einer Art von Gemeinschaft leben, sind nun ihrem Wesen nach dargestellt worden. Von den noch Übrigen sind unstreitig die Kleinsten die Vögel. Es soll daher zuvor von den Tieren in Meeren, Flüssen und Seen die Rede sein.

Unter ihnen gibt es recht viele, die sogar noch größer sind als die Landtiere. Der Grund ist evident: die Überfülle des feuchten Elements. Anders ist es bei den Vögeln, die ihr Leben in der Luft schwebend verbringen. Im Meer aber, das sich so weit ausdehnt und einen bequemen, reichhaltigen Nährboden darstellt und seine Keime von oben von der stets zeugenden Natur empfängt, finden sich auch die meisten monströsen Geschöpfe. Hier verschlingen sich nämlich die Samen und Grundstoffe ineinander, wie sie so oder so bald durch Wind, bald durch Wellen zusammengewirbelt werden. So ist es schon richtig, wenn man sagt: Was irgendwo in der Natur erzeugt wird, das gibt es auch im Meer, und außerdem noch vieles, was es sonst nirgendwo gibt. Von allen möglichen Dingen finden sich Abbilder hier, nicht nur von Tieren, wie man feststellen kann,

cet intellegere intuentibus uvam, gladium, serras, cucumin vero et colore et odore similem, quo minus miremur equorum capita in tam parvis eminere cocleis.

Plurima autem et maxima animalia in Indico mari, ex quibus ballaenae quaternum iugerum, pristes ducenum cubitorum, quippe ubi locustae quaterna cubita impleant, anguillae quoque in Gange amne tricenos pedes. sed in mari beluae circa solstitia maxime visuntur. tunc illic ruunt turbines, tunc imbres, tunc deiectae montium iugis procellae ab imo vertunt maria pulsatasque ex profundo beluas cum fluctibus volvunt tanta, ut alias thynnorum, multitudine, ut Magni Alexandri classis haud alio modo quam hostium acie obvia contrarium agmen adversa fronte derexerit: aliter sparsis non erat evadere. non voce, non sonitu, non ictu, sed fragore terrentur nec nisi ruina turbantur.

Cadara appellatur Rubri maris paeninsula ingens; huius obiectu vastus efficitur sinus, XII dierum et noctium remigio enavigatus Ptolemaeo regi, quando nullius aurae recipit afflatum. huius loci quiete praecipue ad inmobilem magnitudinem beluae adolescunt. Gedrosos, qui Arabim amnem accolunt, Alexandri Magni classium praefecti prodiderunt in domibus fores maxillis beluarum facere, ossibus tecta contignare, ex quibus multa quadragenum cubitorum longitudinis reperta. exeunt et pecori similes beluae ibi in

wenn man die Traube, das Schwert, die Sägen anschaut, sowie die Gurke, die sowohl an Farbe wie an Geruch einer echten ähnlich ist. Da dürfen wir uns nicht wundern, wenn Pferdeköpfe an so kleinen Schnecken herausragen.[40]

Am zahlreichsten und am größten sind die Tiere im Indischen Ozean; darunter sind die Wale, die vier Joch[41], und Sägefische, die 200 Ellen lang sind. Langusten erreichen dort sogar vier Ellen, und auch Aale werden im Ganges 30 Fuß lang. Im Meer aber kann man diese Ungetüme am häufigsten zur Zeit der Sommersonnenwende sehen. Dann toben dort Wirbelstürme, dann gibt es starke Regenfälle, dann wühlen die von den Berggipfeln herabbrausenden Stürme das Meer bis in seine Tiefen auf und treiben die vom Grund hochgespülten Untiere mit den Wogen fort. Sie treten in solcher Menge auf wie anderswo die Tunfische: Die Flotte Alexanders des Großen musste ihnen [den Walen] gegenüber, nicht anders als bei einem feindlichen Geschwader, Frontaufstellung nehmen, einzeln wären die Schiffe nicht durchgekommen. Sie lassen sich nicht durch Rufen, nicht durch Lärm oder Stichwaffen, sondern nur durch krachendes Getöse in Schrecken versetzen und werden nur durch eine massive Attacke in Verwirrung gebracht.[42]

Cadara[43] heißt eine riesige Halbinsel im Roten Meer; durch ihre Ausbuchtung bildet sie einen weiten Golf: Zwölf Tage und zwölf Nächte brauchte König Ptolemaios, um durch Ruderkraft wieder herauszukommen, denn es regt sich dort kein Lüftchen. An diesem ruhigen Ort wachsen die Seetiere zu einer solchen Größe heran, dass sie sich kaum noch bewegen können. Die Flottenführer Alexanders des Großen berichten, dass die Gedrosier, die am Fluss Arabis wohnen, die Türen in ihren Häusern aus den Kinnladen der Wale machen. Und aus ihren Rippenknochen, von denen man viele bis zu vierzig Ellen lange findet, bauen sie ihre Dächer zusammen. Es gehen auch große Seetiere, ähnlich wie Weidevieh, dort an Land,[44]

terram pastaeque radices fruticum remeant et quaedam equorum, asinorum, taurorum capitibus, quae depascuntur sata.

Maximum animal in Indico mari pristis et ballaena est, in Gallico oceano physeter, ingentis columnae modo se attollens altiorque navium velis diluviem quandam eructans, in Gaditano oceano arbor, in tantum vastis dispansa ramis, ut ex ea causa fretum numquam intrasse credatur. apparent et rotae appellatae a similitudine, quaternis distinctae hae radiis, modiolos earum oculis duobus utrimque claudentibus.

Tiberio principi nuntiavit Olisiponensium legatio ob id missa, visum auditumque in quodam specu concha canentem Tritonem qua noscitur forma. et Nereidum falsa non est, squamis modo hispido corpore etiam qua humanam effigiem habet. namque haec in eodem spectata litore est, cuius morientis etiam cantum tristem accolae audivere longe, et Divo Augusto legatus Galliae conplures in litore apparere exanimes Nereidas scripsit. auctores habeo in equestri ordine splendentes, visum ab iis in Gaditano oceano marinum hominem toto corpore absoluta similitudine; ascendere eum navigia nocturnis temporibus statimque degravari quas insederit partes et, si diutius permaneat, etiam mergi. Tiberio principe contra Lugdunensis provinciae litus in insula simul trecentas amplius beluas reciprocans destituit oceanus, mirae varietatis et magnitudinis,

fressen die Wurzeln der Sträucher ab und kehren dann wieder ins Wasser zurück; und es kommen einige mit Köpfen [wie] Pferde, Esel und Stiere und weiden die Saaten ab.

Die größten Tiere im Indischen Meer sind der Sägefisch und der Wal, im Gallischen Ozean der Pottwal, der sich wie eine riesige Säule erhebt, höher als die Segel der Schiffe, und eine Flut von Wasser ausstößt. Im Ozean von Gades breitet der »Baum« seine Äste so gewaltig weit aus, dass er deshalb, so nimmt man an, niemals durch die Meerenge [von Gibraltar] gelangen konnte. Es zeigen sich auch Räder, so genannt wegen ihrer Ähnlichkeit, an denen man vier Speichen unterscheidet, deren Naben auf beiden Seiten in zwei Augen enden.

Dem Kaiser Tiberius meldete eine eigens deshalb abgeordnete Gesandtschaft der Einwohner von Olisipo[45], man habe in einer Höhle einen Triton gesehen und gehört, der auf einer Muschel geblasen habe und so aussah, wie man ihn kannte. Auch die Gestalt der Nereiden ist nichts Erfundenes, nur sind sie am Körper rau und mit Schuppen bedeckt, selbst da, wo sie wie ein Mensch aussehen. Man hat nämlich ebendort an der Küste eine Nereide gesehen, und die Bewohner haben auch, als sie starb, ihren traurigen Gesang weithin gehört. Auch schrieb dem göttlichen Augustus ein Legat aus Gallien, man habe mehrere tote Nereiden an der Küste gefunden. Ich habe angesehene Mitglieder aus dem Ritterstand zu Gewährsmännern dafür, dass sie im Ozean von Gades einen Meermenschen gesehen hätten, der am ganzen Körper [einem Menschen] völlig ähnlich war. Nachts steige er auf die Schiffe, und diese neigten sich sogleich auf die Seite, wo er sich niederlasse, und wenn er länger dabliebe, gingen sie sogar unter. Es war zu Zeiten des Kaisers Tiberius, auf einer Insel gegenüber der Küste der gallischen Provinz Lugdunensis[46]: Hier ließ der Ozean bei Ebbe mehr als dreihundert Seetiere auf einmal zurück, wunderlich in ihrer Verschiedenheit und

nec pauciores in Santonum litore interque reliquas elephantos et arietes candore tantum cornibus adsimulatis, Nereidas vero multas. Turranius prodidit expulsam beluam in Gaditana litora, cuius inter duas pinnas ultimae caudae cubita sedecim fuissent, dentes eiusdem CXX, maximi dodrantium mensura, minimi semipedum. beluae, cui dicebatur exposita fuisse Andromeda, ossa Romae apportata ex oppido Iudaeae Iope ostendit inter reliqua miracula in aedilitate sua M. Scaurus longitudine pedum XL, altitudine costarum Indicos elephantos excedente, spinae crassitudine sesquipedali.

Ballaenae et in nostra maria penetrant. in Gaditano oceano non ante brumam conspici eas tradunt, condi autem statis temporibus in quodam sinu placido et capaci, mire gaudentes ibi parere. hoc scire orcas, infestam iis beluam et cuius imago nulla repraesentatione exprimi possit alia quam carnis inmensae dentibus truculentae. inrumpunt ergo in secreta ac vitulos earum aut fetas vel etiamnum gravidas lancinant morsu incursuque ceu Liburnicarum rostris fodiunt. illae ad flexum inmobiles, ad repugnandum inertes et pondere suo oneratae, tunc quidem et utero graves pariendive poenis invalidae, solum auxilium novere in altum profugere et se toto defendere oceano. contra orcae occurrere laborant seseque opponere et caveatas angustiis trucidare, in vada urguere, saxis inlidere. spectantur ea proelia ceu mari ipso sibi irato, nullis in sinu ventis, flucti-

Größe. Nicht weniger waren es an der Küste der Santonen, unter ihnen auch Elefanten und Widder, die an Stelle der Hörner weiße Stellen hatten, außerdem viele Nereiden. Turranius hat berichtet, ein Seetier sei an die Küste von Gades geworfen worden, dessen Schwanzende zwischen den beiden Flossen sechzehn Ellen gemessen habe, und von den 120 Zähnen seien die größten ¾, die kleinsten ½ Fuß lang gewesen. Das Skelett des Seeungeheuers, dem der Sage nach Andromeda ausgesetzt worden war, ließ Marcus Scaurus als Ädil aus Joppe, einer Stadt in Judäa, herbeibringen und in Rom ausstellen, zusammen mit anderen wundersamen Dingen.[47] Es war vierzig Fuß lang, die Höhe der Rippen übertraf die [Schulterhöhe] der indischen Elefanten, und das Rückgrat war anderthalb Fuß dick.

Die Wale dringen auch in unsere Meere vor. Im Ozean von Gades sollen sie nicht vor der Wintersonnenwende zu sehen sein; zu bestimmten Zeiten aber verbergen sie sich in einer ruhigen, weiträumigen Bucht, wo sie mit besonderer Vorliebe ihre Jungen zur Welt bringen. Das wissen die Orken[48], ihnen feindliche Seetiere, die man nur als ungeheure Fleischberge mit grässlichen Zähnen beschreiben kann. Die Orken brechen nun in die Schlupfwinkel ein und zerfleischen die Jungtiere der Wale oder die eben Geborenen und sogar die Trächtigen durch ihren Biss und durchbohren sie, indem sie gegen sie anrennen, wie die Kriegsschiffe mit ihrem Sporn. Die Wale, zum Ausweichen zu schwerfällig, zum Widerstand zu träge und durch ihr Gewicht behindert, vor allem wenn sie trächtig oder durch Geburtswehen geschwächt sind, kennen als einzigen Ausweg nur die Flucht auf die hohe See hinaus, wo sie sich durch die Weite des Ozeans verteidigen lassen. Die Orken dagegen suchen sie abzusperren: Sie werfen sich ihnen entgegen, säbeln die zwischen den Klippen Eingeklemmten nieder, drängen sie ins Seichte, drücken sie an Felsen. Diese Kämpfe bieten ein Schauspiel, als ob das Meer, da in der

bus vero ad anhelitus ictusque quantos nulli turbines volvant. orca et in portu Ostiensi visa est oppugnata a Claudio principe. venerat tum exaedificante eo portum, invitata naufragiis tergorum advectorum e Gallia, satiansque se per conplures dies alveum in vado sulcaverat, adtumulata fluctibus in tantum, ut circumagi nullo modo posset et, dum saginam persequitur in litus fluctibus propulsam, emineret dorso multum super aquas carinae vice inversae. praetendi iussit Caesar plagas multiplices inter ora portus profectusque ipse cum praetorianis cohortibus populo Romano spectaculum praebuit, lanceas congerente milite e navigiis adsultantibus, quorum unum mergi vidimus reflatu beluae oppletum unda.

Ora ballaenae habent in frontibus ideoque summa aqua natantes in sublime nimbos efflant. spirant autem confessione omnium et paucissima alia in mari, quae internorum viscerum pulmonem habent, quoniam sine eo spirare animal nullum putatur. nec piscium branchias habentes anhelitum reddere ac per vices recipere existimant quorum haec opinio est, nec multa alia genera etiam branchiis carentia, in qua sententia fuisse Aristotelem video et multis persuasisse doctrina insignibus. nec me protinus huic opinioni eorum accedere haud dissimulo, quoniam et pulmo-

Bucht kein Wind weht, sozusagen gegen sich selbst wütet, wobei sich durch das Schnauben und Keuchen und Aneinanderstoßen solch hohe Wellen bilden, wie sie kein Wirbelsturm aufwühlen könnte.

Eine Orke wurde auch im Hafen von Ostia gesichtet; ihr ging Kaiser Claudius zu Leibe. Als er damals gerade den Hafen ausbessern ließ, war das Tier hereingekommen, angelockt durch eine Ladung von Tierhäuten aus einem havarierten Schiff aus Gallien. Es hatte sich mehrere Tage daran gesättigt und eine tiefe Grube in den Sand gewühlt, so dass es sich, von der Flut überspült, überhaupt nicht mehr umwenden konnte. Während es seinen Fraß fortsetzte, wurde es schließlich von den Fluten ans Ufer geworfen, wo sein Rücken wie ein umgekehrter Schiffskiel weit aus dem Wasser herausragte. Der Kaiser ließ eine Reihe von Netzen zwischen den Hafenausgängen spannen, brach selbst mit den Prätorianerkohorten dorthin auf und bot dem römischen Volk ein Schauspiel: Die Soldaten schleuderten gemeinsam ihre Lanzen aus den Schiffen, mit denen sie gegen das Untier angerückt waren. Dabei sahen wir, wie eines der Schiffe unterging, nachdem es durch das Atemholen und Blasen des Tieres mit Wasser vollgelaufen war.

Die Wale haben an der Stirn Öffnungen, aus denen sie, wenn sie an der Oberfläche des Meeres schwimmen, Wasserfontänen in die Höhe blasen. Sie atmen nämlich, wie man allgemein überzeugt ist, wie nur noch wenige andere Tiere im Meer, die in ihren Eingeweiden eine Lunge haben, denn ohne diese kann, so glaubt man, kein Lebewesen atmen. Die Vertreter dieser Ansicht meinen auch, dass weder die Fische, die Kiemen haben, ein- und ausatmen können, noch viele andere Arten, die nicht einmal Kiemen haben. Diese Meinung vertrat Aristoteles, und viele hervorragende Gelehrte haben sich davon überzeugen lassen. Ich muss zugeben, dass ich dieser Ansicht nicht so ohne weiteres zustimmen kann. Diese Tiere könnten ja, wenn die Na-

num vice alia possint spirabilia inesse viscera ita volente natura, sicut et pro sanguine est multis alius umor. in aquas quidem penetrare vitalem hunc halitum quis miretur, qui etiam reddi ab his eum cernat et in terras quoque, tanto spissiorem naturae partem, penetrare argumento animalium quae semper defossa vivunt, ceu talpae? accedunt apud me certe efficacia ut credam, etiam omnia in aquis spirare naturae suae sorte, primum saepe adnotata piscium aestivo calore quaedam anhelatio et alia tranquillo velut oscitatio, ipsorum quoque, qui sunt in adversa opinione, de somno piscium confessio – quis enim sine respiratione somno locus? –, praeterea bullantium aquarum sufflatio lunaeque effectu concharum quoque corpora augescentia. super omnia est quod esse auditum et odoratum piscibus non erit dubium, ex aëris utrumque materia. odorem quidem non aliud quam infectum aëra intellegi possit. quam ob rem de his opinetur ut cuique libitum erit.

branchiae non sunt ballaenis nec delphinis. haec duo genera fistula spirant, quae ad pulmonem pertinet, ballaenis a fronte, delphinis a dorso. et vituli marini, quos vocant phocas, spirant ac dormiunt in terra; item testudines, de quibus mox plura.

tur es so will, statt der Lunge andere Organe zum Atmen in ihrem Innern haben, so wie auch viele statt Blut eine andere Flüssigkeit haben. Wie sollte man sich wundern, dass dieser Lebensatem auch ins Wasser eindringt, wenn man feststellt, dass er auch von dort zurückströmt. Schließlich dringt er ja auch in die Erde ein, die doch eine viel dichtere Materie ist, was die Tiere bezeugen, die immer darin eingegraben leben, wie etwa die Maulwürfe. Dazu gibt es für mich noch weitere einleuchtende Gesichtspunkte, die mich zu dem Glauben veranlassen, dass alles im Wasser seiner natürlichen Beschaffenheit nach atmet. Erstens hat man oft während der Sommerhitze beobachtet, wie die Fische sozusagen Luft schnappen und wie sie bei ruhiger Wasseroberfläche das Maul aufsperren. Außerdem gestehen selbst diejenigen, die anderer Meinung sind, zu, dass Fische schlafen: Wie sollte aber Schlaf ohne Atmung möglich sein? Außerdem gibt es ja noch die Luftblasen im Wasser und auch das Wachsen der Muscheln unter dem Einfluss des Mondes. Überdies kann es keinen Zweifel geben, dass Fische hören und riechen: Beides steht im Zusammenhang mit der Luft. Geruch lässt sich ja nicht anders verstehen als mit anderen Stoffen angereicherte Luft. Darüber möge nun jeder seine Meinung haben, wie es ihm beliebt.

Kiemen haben weder die Wale noch die Delfine. Diese beiden Arten atmen durch eine Luftröhre, die bis zur Lunge reicht, bei den Walen von der Stirn, bei den Delfinen vom Rücken her. Auch die Meerkälber, die Robben [oder Seehunde] genannt werden, atmen, und sie schlafen auf dem Lande, ebenso die Schildkröten, von denen bald ausführlicher die Rede sein wird [9,35–39].

9,20–33

Velocissimum omnium animalium, non solum marinorum, est delphinus, ocior volucre, acrior telo, ac nisi multum infra rostrum os illi foret medio paene in ventre, nullus piscium celeritatem eius evaderet. sed adfert moram providentia naturae, quia nisi resupini atque conversi non corripiunt, quae causa praecipue velocitatem eorum ostendit. nam cum fame conciti fugientem in vada ima persecuti piscem diutius spiritum continuere, ut arcu missi ad respirandum emicant tantaque vi exiliunt, ut plerumque vela navium transvolent.

vagantur fere coniugia; pariunt catulos decimo mense aestivo tempore, interim et binos. nutriunt uberibus, sicut ballaena, atque etiam gestant fetus infantia infirmos; quin et adultos diu comitantur magna erga partum caritate. adolescunt celeriter, X annis putantur ad summam magnitudinem pervenire. vivunt et tricenis, quod cognitum praecisa cauda in experimentum. abduntur tricenis diebus circa canis ortum occultanturque incognito modo, quod eo magis mirum est, si spirare in aqua non queunt. solent in terram erumpere, incerta de causa, nec statim tellure tacta mori-

Delfine

9,20–33
Das schnellste unter allen Tieren, nicht nur von denen im Wasser, ist der Delfin. Er ist rascher als der Vogel, schießt schneller dahin als ein Pfeil, und wenn nicht sein Oberkiefer weit überstände und die Maulöffnung beinahe in der Mitte des Bauches wäre, dann könnte kein Fisch seiner Schnelligkeit entgehen. So hat die Natur aber in weiser Voraussicht eine Schranke gesetzt, denn die Delfine können nur auf dem Rücken liegend und zur Seite gewendet ihre Beute schnappen, und hierbei zeigt sich ihre besondere Schnellkraft. Wenn sie nämlich vom Hunger getrieben einen fliehenden Fisch bis in die äußerste Tiefe verfolgt und zu lange den Atem angehalten haben, dann schießen sie, wie von einer Bogensehne abgeschnellt, zum Atemholen empor und springen mit einem solchen Schwung aus dem Wasser, dass sie meist über die Segel der Schiffe hinwegfliegen.

Die Delfine ziehen meist paarweise umher; sie bringen im zehnten Monat, zur Sommerszeit, ihr Junges zur Welt, bisweilen auch zwei. Sie säugen sie an ihren Zitzen, wie der Wal, und tragen sie auch mit sich herum, solange sie noch klein und schwächlich sind. Ja selbst die erwachsenen Sprösslinge begleiten sie noch lange: So groß ist die Liebe zu ihren Nachkommen. Diese wachsen schnell heran; mit zehn Jahren, so heißt es, haben sie ihre volle Größe erreicht. Sie leben dreißig Jahre, was man durch ein Experiment festgestellt hat: Man hat ihnen nämlich ein Stück vom Schwanz abgeschnitten. Um die Zeit, wenn [im Juli] der Hundsstern aufgeht, sind sie für dreißig Tage auf einmal verschwunden, keiner weiß wie und wohin. Was umso erstaunlicher ist, da sie doch unter Wasser nicht atmen können. Es kommt auch oft vor, dass sie sich an Land stürzen; der Grund dafür ist unbekannt. Sie sterben nicht sofort bei der Berührung mit der Erde, viel schneller aber,

untur multoque ocius fistula clausa. lingua est iis contra naturam aquatilium mobilis, brevis atque lata, haud differens suillae. pro voce gemitus humano similis, dorsum repandum, rostrum simum. qua de causa nomen simonis omnes miro modo agnoscunt maluntque ita appellari.

Delphinus non homini tantum amicum animal, verum et musicae arti, mulcetur symphoniae cantu, sed praecipue hydrauli sono. hominem non expavescit ut alienum, obviam navigiis venit, adludit exultans, certat etiam et quamvis plena praeterit vela. Divo Augusto principe Lucrinum lacum invectus pauperis cuiusdam puerum ex Baiano Puteolos in ludum litterarium itantem, cum meridiano immorans appellatum eum simonis nomine saepius fragmentis panis, quem ob iter ferebat, adlexisset, miro amore dilexit. pigeret referre, ni res Maecenatis et Fabiani et Flavi Alfii multorumque esset litteris mandata. quocumque diei tempore inclamatus a puero, quamvis occultus atque abditus, ex imo advolabat pastusque e manu praebebat ascensuro dorsum, pinnae aculeos velut vagina condens, receptumque Puteolos per magnum aequor in ludum ferebat simili modo revehens pluribus annis, donec morbo extincto puero subinde ad consuetum locum ventitans tristis et mae-

wenn ihre Luftröhre verstopft ist. Ihre Zunge ist, im Unterschied zur Natur der Wassertiere, beweglich, kurz und breit und unterscheidet sich nicht von der des Schweins. Ihre Stimme hört sich ähnlich an wie das Stöhnen eines Menschen, ihr Rücken ist aufwärts gekrümmt, die Schnauze kurz und aufgestülpt. Daher werden sie *simo*, Stupsnase, genannt, ein Name, den sie eigenartigerweise erkennen und mit dem sie sich gern rufen lassen.

Der Delfin ist nicht nur ein Freund des Menschen; er liebt auch die Musik und genießt es, wenn er mehrstimmigen Gesang hört und vor allem den Klang der Wasserorgel. Den Menschen scheut er nicht wie ein fremdes Wesen; er kommt den Schiffen entgegen, schwimmt spielerisch um sie herum und springt hoch aus dem Wasser. Er schwimmt auch mit ihnen um die Wette und überholt sogar Schiffe mit vollen Segeln. Zur Zeit des Kaisers Augustus war ein Delfin vom Meer in den Lukrinersee[49] gelangt. Da gab es einen Jungen, den Sohn eines armen Mannes, der aus dem Gebiet von Baiae nach Puteoli zur Schule ging. Er hatte den Delfin, den er Simo nannte, wenn er über Mittag dablieb, oft mit Resten seines Brotes, das er als Proviant bei sich hatte, an sich gelockt, und der Delfin hatte eine wundersame Liebe zu ihm gefasst. Ich würde mich scheuen, das zu erzählen, wenn es nicht auch in den Schriften des Maecenas, des Fabianus, Flavius Alfius und vieler anderer berichtet würde. Wenn der Junge ihn rief, zu welcher Tageszeit auch immer, kam der Delfin rasch herbei und tauchte empor, wie tief verborgen oder weit entfernt er auch gewesen sein mochte. Er ließ sich von dem Jungen aus der Hand füttern und bot ihm seinen Rücken zum Aufsitzen, wobei er die Stacheln seiner Rückenflosse wie in einer Scheide verbarg. Wenn er den Jungen auf dem Rücken hatte, trug er ihn über die hohe See nach Puteoli zur Schule und brachte ihn auf die gleiche Art wieder zurück. Das ging so mehrere Jahre, bis der Junge an einer Krankheit starb. Der Delfin kam immer wieder an den gewohnten

renti similis ipse quoque, quod nemo dubitaret, desiderio expiravit.

alius intra hos annos Africo litore Hipponis Diarruti simili modo ex hominum manu vescens praebensque se tractandum et adludens nantibus inpositosque portans unguento perunctus a Flaviano proconsule Africae et sopitus, ut apparuit, odoris novitate fluctuatusque similis exanimi caruit hominum conversatione ut iniuria fugatus per aliquot menses, mox reversus in eodem miraculo fuit. iniuriae potestatum in hospitales ad visendum venientium Hipponenses in necem eius conpulerunt.

ante haec similia de puero in Iaso urbe memorantur, cuius amore spectatus longo tempore, dum abeuntem in litus avide sequitur, in harenam invectus expiravit. puerum Alexander Magnus Babylone Neptunio sacerdotio praefecit, amorem illum numinis propitii fuisse interpretatus. in eadem urbe Iaso Hegesidemus scribit et alium puerum Hermian nomine similiter maria perequitantem, cum repentinae procellae fluctibus exanimatus esset, relatum, delphinumque causam leti fatentem non reversum in maria atque in sicco expirasse. hoc idem et Naupacti accidisse Theophrastus tradit. nec modus exemplorum: eadem Am-

Ort und machte einen betrübten und trauernden Eindruck. Er starb dann, woran keiner zweifelte, an Kummer und Sehnsucht.

An der nordafrikanischen Küste, bei Hippo Diarrhytus[50], gab es in jüngster Zeit auch einen Delfin, der sich in ähnlicher Weise von Menschen aus der Hand füttern und streicheln ließ. Er spielte mit den Schwimmern und trug diejenigen, die sich auf seinen Rücken setzten. Als ihn Flavianus, der Prokonsul von Africa, mit einer Salbe bestrichen hatte, wurde er von dem ungewohnten Geruch allem Anschein nach ganz betäubt. Er trieb wie tot auf dem Wasser und ließ sich einige Monate lang nicht in der Nähe von Menschen sehen, als ob er durch ein erlittenes Unrecht vertrieben worden sei. Bald tauchte er aber wieder auf und galt erneut als sehenswertes Wundertier. Der Missbrauch des Gastrechts durch die Honoratioren, die kamen, um den Delfin zu sehen, trieb die Leute von Hippo dazu, ihn zu töten.

Aus früherer Zeit wird eine ähnliche Geschichte aus der Stadt Iasos[51] von einem Knaben und einem Delfin erzählt, deren Freundschaft man längere Zeit hindurch beobachten konnte. Als der Knabe einmal vom Ufer weglief, folgte ihm der Delfin eifrig nach, gelangte auf den Sand und verendete dort. Alexander der Große machte den Knaben zum Oberpriester des Poseidon in Babylon, denn er deutete jene Liebe des Delfins als Zeichen der Gunst des Gottes. In der gleichen Stadt Iasos soll dem Bericht des Hegesidemos zufolge auch ein anderer Knabe namens Hermias in ähnlicher Weise auf einem Delfin übers Meer geritten sein. Und als dieser bei einem plötzlichen Sturm in den Wellen umgekommen war, brachte ihn der Delfin ans Ufer und bekannte sich sozusagen als schuldig an seinem Tod: Er kehrte nicht mehr ins Meer zurück, sondern verendete auf dem trockenen Land. Wie Theophrast berichtet, hat sich dies auch in Naupaktos so zugetragen. Solche Beispiele gibt es noch eine ganze Menge: Auch die Bewohner

philochi et Tarentini de pueris delphinisque narrant. quae faciunt ut credatur, Arionem quoque citharoedicae artis, interficere nautis in mari parantibus ad intercipiendos eius quaestus, eblanditum uti prius caneret cithara, congregatis cantu delphinis cum se iecisset in mare, exceptum ab uno Taenarum in litus pervectum.

Est provinciae Narbonensis et in Nemausiensi agro stagnum Latera appellatum, ubi cum homine delphini societate piscantur. innumera vis mugilum stato tempore angustis faucibus stagni in mare erumpit observata aestus reciprocatione. qua de causa praetendi non queunt retia, eaque moles ponderis nullo modo toleretur, etiamsi non sollertia insidietur tempori. simili ratione in altum protinus tendunt, quod vicino gurgite efficitur, locumque solum pandendis retibus habilem effugere festinant. quod ubi animadvertere piscantes – concurrit autem multitudo temporis gnara et magis etiam voluptatis huius avida – totusque populus e litore quanto potest clamore conciet simonem in spectaculi eventum, celeriter delphini exaudiunt desideria aquilonum flatu vocem prosequente, austro vero tardius ex adverso referente; sed tum quoque inproviso in auxilium advolare properant. apparet acies, quae protinus disponitur in loco, ubi coniectus est pugnae. opponunt sese ab alto trepidosque in vada urgent: tum piscatores cir-

von Amphilochia und Tarent erzählen von Freundschaften von Knaben und Delfinen, und so kann man auch die Geschichte von Arion[52], dem Sänger und Kitharaspieler, durchaus glaubwürdig finden. Als ihn die Seeleute auf dem Meer umbringen wollten, um seine Einkünfte zu rauben, bat er inständig, vorher noch einmal einen Hymnus zur Kithara singen zu dürfen. Von seinem Gesang angelockt seien Delfine rings um das Schiff aufgetaucht, und als sich Arion ins Meer stürzte, habe einer von ihnen den Sänger auf seinen Rücken genommen und ihn bis an die Küste von Tainaron gebracht.

In der narbonensischen Provinz, und zwar im Gebiet von Nemausus[53], gibt es einen See namens Latera, wo die Delfine gemeinsam mit den Menschen auf Fischfang gehen. Eine zahllose Menge von Meeräschen stürzt sich zu einer bestimmten Zeit durch den engen Ausgang des Sees ins Meer hinaus, wobei sie auf den Zeitpunkt der Ebbe achten. Daher kann man keine Netze ausspannen, da diese unmöglich dem Gewicht der Masse standhalten würden, selbst wenn die Fische in ihrer Schlauheit nicht den richtigen Zeitpunkt abpassen würden. Mit ähnlich schlauer Berechnung streben sie sogleich nach der Tiefe, die durch einen nahen Strudel gebildet wird, und entfliehen eilig der einzigen Stelle, die zum Ausspannen der Netze geeignet ist. Sobald die Fischer dies merken – es strömt eine Menge von Leuten zusammen, die den Zeitpunkt kennen und die mehr noch ihre Schaulust befriedigen wollen –, dann ruft das ganze Volk vom Ufer aus zum Gelingen des Schauspiels so laut wie möglich: »Simo!« Die Delfine hören den auffordernden Ruf schnell, wenn der Nordwind den Schall übers Meer trägt, oder etwas später, wenn der Südwind aus der entgegengesetzten Richtung weht. Aber auch dann kommen sie urplötzlich eilends zur Hilfe herbei. Sie bilden eine deutlich erkennbare Kette und ordnen sich sogleich an der Stelle, wo der Kampf stattfinden wird. Die Delfine stellen sich vom Meer her entgegen und drängen die ver-

cumdant retia furcisque sublevant. mugilum nihilo minus velocitas transilit: at illos excipiunt delphini et occidisse ad praesens contenti cibos in victoriam differunt. opere proelium fervet, includique retibus se fortissime urgentes gaudent ac, ne id ipsum fugam hostium stimulet, inter navigia et retia natantesve homines ita sensim elabuntur, ut exitus non aperiant. saltu, quod est alias blandissimum iis, nullus conatur evadere, ni summittantur sibi retia. egressus protinus ante vallum proeliatur. ita peracta captura quos interemere diripiunt. sed enixioris operae quam in unius diei praemium conscii sibi opperiuntur in posterum nec piscibus tantum, sed et intrita panis e vino satiantur.

Quae de eodem genere piscandi in Iasio sinu Mucianus tradit, hoc differunt, quod ultro neque inclamati praesto sint partesque e manibus accipiant et suum quaeque cumba e delphinis socium habeat, quamvis noctu et ad faces.

ipsis quoque inter se publica est societas. capto a rege Cariae alligatoque in portu ingens reliquorum convenit multitudo maestitia quadam, quae posset intellegi, miserationem petens, donec dimitti rex eum iussit. quin et parvos

ängstigten Meeräschen auf seichte Stellen; dann legen die Fischer ihre Netze herum und heben sie mit dem Fischspeer heraus. Die Meeräschen aber schnellen sich empor und springen aus den Netzen heraus, sie werden aber von den Delfinen aufgefangen. Diese begnügen sich vorerst damit, sie getötet zu haben, und verschieben ihre Mahlzeit bis nach dem Sieg. Durch ihre eifrigen Bemühungen entbrennt ein hitziger Kampf; sie lassen sich in ihrem heftigen Vorwärtsdrängen auch bereitwillig in den Netzen mit fangen; damit dies aber die Feinde nicht zur Flucht reizt, schlüpfen sie zwischen den Schiffen, den Netzen oder schwimmenden Menschen so heimlich hindurch, dass sie keinen Ausweg eröffnen. Durch Hochspringen, was sie sonst so gerne tun, sucht keiner zu entkommen, wenn nicht die Netze unter ihnen heruntergelassen werden. Ist einer herausgekommen, kämpft er sogleich wieder vor der Umgrenzung. Ist der Fang auf diese Weise zum Abschluss gekommen, fressen die Delfine die von ihnen getöteten Meeräschen. Da sie aber wissen, dass sie für ihre eifrigen Dienste mehr Lohn verdient haben als nur für einen Tag, warten sie auf den nächsten, an dem sie nicht nur mit Fischen, sondern auch mit in Wein getunktem Brot gefüttert werden.

Was Mucianus von der gleichen Art des Fischfangs in der Bucht von Iasos überliefert, unterscheidet sich nur in Folgendem: Die Delfine sind von sich aus und ungerufen da, sie empfangen ihre Portionen aus der Hand, und jedes Fischerboot hat einen von den Delfinen als Begleiter, obwohl nachts und bei Fackelschein gefischt wird.

Sie bilden auch untereinander eine Gemeinschaft. Einmal war ein Delfin vom König von Karien gefangen und im Hafen angebunden worden. Da kamen sogleich die Übrigen in großer Zahl herbei. Mit trauriger Miene – das konnte man deutlich erkennen – baten sie so lange um Mitleid, bis der König befahl, den gefangenen Delfin freizulassen. Ja die Kleinen werden stets von einem Größeren begleitet,

semper aliquis grandior comitatur ut custos, conspectique iam sunt defunctum portantes, ne laceraretur a beluis.

9,60; 62–68

Apud antiquos piscium nobilissimus habitus acipenser, unus omnium squamis ad os versis contra quam in nando meant, nullo nunc in honore est, quod equidem miror, cum sit rarus inventu. quidam eum elopem vocant.

Nunc principatus scaro datur, qui solus piscium dicitur ruminare herbisque vesci atque non aliis piscibus, Carpathio maxime mari frequens. promunturium Troadis Lectum numquam sponte transit. inde advectos Tiberio Claudio principe Optatus e libertis eius praefectus classis inter Ostiensem et Campaniae oram sparsos disseminavit, quinquennio fere cura adhibita, ut capti redderentur mari. postea frequentes inveniuntur Italiae litore, non antea ibi capti. admovetque sibi gula sapores piscibus satis et novum incolam mari dedit, ne quis peregrinas aves Romae parere miretur. proxima est mensa iecori dumtaxat mustelarum, quas, mirum dictu, inter Alpis quoque lacus Raetiae Brigantinus aemulas marinis generat.

Ex reliqua nobilitate et gratia maxima est et copia mullis, sicut magnitudo modica, binasque libras ponderis raro

der gewissermaßen auf sie aufpasst, und man hat schon welche gesehen, die einen toten Gefährten wegtrugen, damit er nicht von Meeresungeheuern zerfleischt würde.

Speisefische und Fischluxus

9,60; 62–68
Bei unseren Vorfahren galt als der edelste Fisch der Stör, bei dem als Einzigem die Schuppen nach dem Maul hin, also gegen die Schwimmrichtung, liegen. Jetzt wird er gar nicht mehr geschätzt, was mich wundert, da er doch so selten angetroffen wird. Manche nennen ihn auch *elops*.

Jetzt gibt man den Vorrang dem *Scarus* [Papageifisch], der als einziger von allen Fischen wiederkäuen[54] und Kräuter, aber keine anderen Fische fressen soll. Er kommt am häufigsten im Meer bei Karpathos vor. Über das Vorgebirge Lekton in der Troas schwimmt er von sich aus nie hinaus. Von hier brachte unter Kaiser [Tiberius] Claudius einer seiner Freigelassenen, der Flottenbefehlshaber Optatus, einige solcher Fische in die Küstengegend zwischen Ostia und Kampanien und setzte sie dort aus. Etwa fünf Jahre lang sorgte man dafür, dass gefangene Fische wieder ins Meer geworfen wurden. Seither findet man sie häufig an der Küste Italiens, wo sie früher nicht gefangen wurden. So hat sich die Feinschmeckerei mit den Fischen eine zusätzliche Delikatesse geschaffen und hat dem Meer einen neuen Bewohner geschenkt. Da braucht man sich auch nicht zu wundern, dass ausländische Vögel in Rom brüten. Den nächsten Rang auf der Schlemmertafel nimmt freilich die Leber der Aalraupe ein, die, wunderlich genug, auch der Brigantinische See in den Rätischen Alpen hervorbringt, und zwar nicht weniger gute als die aus dem Meer.

Von den übrigen Edelfischen sind am beliebtesten und am häufigsten die Meerbarben. Dabei sind sie nicht besonders groß, wiegen daher auch selten mehr als zwei Pfund,

admodum exuperant nec in vivariis piscinisque crescunt. septentrionalis tantum hos et proxima occidentis parte gignit oceanus. cetero genera eorum plura; nam et alga vescuntur et ostreis et limo et aliorum piscium carne, et barba gemina insigniuntur inferiori labro. lutarium ex iis vilissimi generis appellant; hunc semper comitatur sargus nomine alius piscis et caenum fodiente eo excitatum devorat pabulum. nec litorariis gratia. laudatissimi conchylium sapiunt. nomen iis Fenestella a colore mulleorum calciamentorum datum putat. pariunt ter annis; certe totiens fetura apparet. mullum expirantem versicolori quadam et numerosa varietate spectari proceres gulae narrant, rubentium squamarum multiplici mutatione pallescentem, utique si vitro spectetur inclusus. M. Apicius, ad omne luxus ingenium natus, in sociorum garo – nam ea quoque res cognomen invenit – necari eos praecellens putavit atque e iecore eorum allecem excogitare.

Provocavit – id enim est facilius dixisse quam quis vicerit – Asinius Celer e consularibus hoc pisce prodigos omnes Gaio principe unum mercatus HS $\overline{\text{VIII}}$ mullum. quae reputatio aufert traversum animum ad contemplationem eorum, qui in conquestione luxus coquos emi singulos pluris quam equos quiritabant. at nunc coci trium horum pretiis parantur et coquorum pisces, nullusque prope iam mortalis aestimatur pluris quam qui peritissime cen-

und sie werden auch in Meerwasserbassins und Fischteichen nicht größer.[55] Nur der nördliche Ozean bringt sie hervor, und zwar in dem Teil, der am weitesten im Westen liegt. Im Übrigen gibt es mehrere Arten von ihnen; sie ernähren sich nämlich sowohl von Seetang als auch von Muscheln, aus dem Schlamm und vom Fleisch anderer Fische. Kenntlich sind sie durch einen doppelten Bart an der Unterlippe. Die am wenigsten geschätzte Art unter ihnen nennt man die Schlammbarbe. Sie wird stets von einem anderen Fisch begleitet, *sargus* genannt, der ihr, wenn sie den Schlamm aufgewühlt hat, das aufgestöberte Futter wegfrisst. Die an den Küsten lebenden Barben werden ebenfalls nicht geschätzt. Am meisten gelobt werden diejenigen mit Muschelgeschmack. Fenestella[56] nimmt an, die Barben hätten ihren Namen [*mullus*] von der Farbe der Schuhe aus purpurfarbenem Leder. Sie laichen dreimal im Jahr, so oft kommt jedenfalls ihre Brut zum Vorschein. Die Oberfeinschmecker erzählen, die Meerbarbe zeige im Sterben eine bunte und häufig wechselnde Vielfalt von Farben, besonders wenn man sie in einem Glas eingeschlossen betrachte, wobei die roten Schuppen nach mehrfachem Farbwechsel weiß würden. M. Apicius, erfindungsreich in jeder Art von Luxus, hielt es für das Höchste, die Barben in der »Fischbrühe der Gesellschafter« – denn auch für so etwas fand sich ein Beiname – zu töten und aus ihrer Leber eine Fischsoße zu komponieren.[57] Eine Herausforderung für alle Verschwender leistete sich mit diesem Fisch zur Zeit von Kaiser Gaius [Caligula] der ehemalige Konsul Asinius Celer – das ist nämlich leichter zu sagen als wer den Sieg davontrug –, als er eine Meerbarbe für 8000 Sesterzen kaufte. Diese Erwähnung lässt die Gedanken abschweifen zu denjenigen, die früher bei ihrem Klagelied über den Luxus darüber lamentierten, dass ein Koch mehr koste als ein Pferd. Aber jetzt kostet ein Koch so viel wie drei Pferde, die Fische sind so teuer wie die Köche, und es wird ja fast schon kein Mensch höher geschätzt als wer sich am

sum domini mergit. mullum LXXX librarum in mari Rubro captum Licinius Mucianus prodidit, quanti mercatura eum luxuria suburbanis litoribus inventum?

9,167–172

Aevi piscium memorandum nuper exemplum accepimus. Pausilypum villa est Campaniae haud procul Neapoli; in ea in Caesaris piscinis a Pollione Vedio coniectum piscem sexagensimum post annum expirasse scribit Annaeus Seneca, duobus aliis aequalibus eius ex eodem genere etiam tunc viventibus. quae mentio piscinarum admonet, ut paulo plura dicamus hac de re prius quam digrediamur ab aquatilibus.

Ostrearum vivaria primus omnium Sergius Orata invenit in Baiano aetate L. Crassi oratoris ante Marsicum bellum, nec gulae causa, sed avaritiae, magna vectigalia tali ex ingenio suo percipiens, ut qui primus pensiles invenerit balineas, ita mangonicatas villas subinde vendendo. is primus optimum saporem ostreis Lucrinis adiudicavit, quando eadem aquatilium genera aliubi atque aliubi meliora, sicut lupi pisces in Tiberi amne inter duos pontes, rhombus Ravennae, murena in Sicilia, elops Rhodi, et alia genera similiter, ne culinarum censura peragatur. nondum Britannica serviebant litora, cum Orata Lucrina nobilitabat. postea visum tanti in extremam Italiam petere Brundisium ostreas, ac, ne lis esset inter duos sapores, nuper

raffiniertesten darauf versteht, das Vermögen seines Herrn durchzubringen. Im Roten Meer wurde eine Barbe von 80 Pfund gefangen, berichtet Licinius Mucianus. Was hätte die Schlemmergesellschaft für diesen Fisch bezahlt, wenn er an den Küsten vor Rom gefangen worden wäre?

9,167–172

Von der Langlebigkeit der Fische haben wir kürzlich ein denkwürdiges Zeugnis erhalten. Pausilypon heißt eine Landvilla in Kampanien, nicht weit von Neapel. Wie Annaeus Seneca berichtet, starb hier in den kaiserlichen Fischteichen ein Fisch nach seinem 60. Lebensjahr, der noch von Vedius Pollio[58] selbst eingesetzt worden war. Und zwei andere gleich alte von derselben Art waren damals noch am Leben. Diese Erwähnung der Fischteiche mahnt mich, doch noch etwas mehr darüber zu sagen, bevor wir die Wassertiere verlassen.

Austernbehälter erfand als Allererster Sergius Orata im Gebiet von Baiae, zur Zeit des Redners L. Crassus vor dem Marsischen Krieg.[59] Er tat dies nicht der Feinschmeckerei zuliebe, sondern aus Gewinnstreben, da er aus seiner genialen Erfindung bedeutende Einkünfte bezog. Er erfand auch als Erster die »hängenden Bäder« – und die so wertsteigernd eingerichteten Landhäuser verkaufte er gleich darauf wieder. Orata war es auch, der den Austern aus dem Lukrinersee den besten Geschmack zuschrieb. Die Wassertiere der gleichen Art sind ja an einem Ort besser als anderswo, wie der Seebarsch in Rom im Tiber zwischen den beiden Brücken[60], die Butte in Ravenna, die Muräne in Sizilien, der Sterlet vor Rhodos, und ähnlich bei anderen Arten, um nicht sämtliche Küchenrezepte durchzugehen. Noch dienten uns nicht die Küsten Britanniens, als Orata die Austern vom Lukrinersee zu Ehren brachte. Später war es offenbar der Mühe wert, Austern vom äußersten Ende Italiens, von Brundisium, zu holen, und damit es keinen Streit gäbe über den Geschmack der beiden

excogitatum famem longae advectionis a Brundisio conpascere in Lucrino.

Eadem aetate prior Licinius Murena reliquorum piscium vivaria invenit, cuius deinde exemplum nobilitas secuta est Philippi, Hortensi. Lucullus exciso etiam monte iuxta Neapolim maiore inpendio quam villam exaedificaverat euripum et maria admisit, qua de causa Magnus Pompeius Xerxen togatum eum appellabat. $|\overline{XL}|$ HS e piscina ea defuncto illo veniere pisces.

Murenarum vivarium privatim excogitavit ante alios C. Hirrius, qui cenis triumphalibus Caesaris dictatoris sex milia numero murenarum mutua appendit. nam permutare quidem pretio noluit aliave merce. huius villam infra quam modicam $|\overline{XL}|$ piscinae vendiderunt. invasit dein singulorum piscium amor. apud Baulos in parte Baiana piscinam habuit Hortensius orator, in qua murenam adeo dilexit, ut exanimatam flesse credatur. in eadem villa Antonia Drusi murenae, quam diligebat, inaures addidit, cuius propter famam nonnulli Baulos videre concupiverunt.

9,102; 104–107

Firmioris iam testae murices et concharum genera, in quibus magna ludentis naturae varietas. tot colorum differentiae, tot figurae: planis, concavis, longis, lunatis, in orbem

Arten, dachte man sich neulich Folgendes aus: Die auf dem langen Weg von Brundisium bis hierher ausgehungerten Austern werden im Lukrinersee wieder aufgefüttert.

Im gleichen Zeitraum erfand der ältere Licinius Murena Zuchtteiche für die übrigen Fische.[61] Sein Beispiel brachten Männer zu Ehren wie Philippus und Hortensius. Lucullus ließ sogar bei Neapel einen Berg durchstechen – was mehr kostete als der Bau seiner Villa – und leitete vom Meer aus Wasser in einen Kanal hinein. Deshalb nannte ihn Pompeius der Große den Xerxes in der Toga. Nach seinem Tode wurden die Fische aus diesem Bassin für 40 000 Sesterzen verkauft.

Ein Zuchtbassin speziell für Muränen richtete sich zuerst C. Hirrius ein, der für die öffentlichen Gastmähler des Diktators Caesar bei dessen Triumphfeier 6000 Muränen leihweise [im Austausch gegen neue] zur Verfügung stellte. Denn für Geld oder für andere Ware wollte er sie nicht veräußern. Dank seiner Fischteiche konnte er sein ganz durchschnittliches Landgut für 4 Millionen Sesterzen verkaufen. Darauf verbreitete sich die Liebhaberei für einzelne Fische. Bei Bauli in der Gegend von Baiae hatte der Redner Hortensius einen Fischteich mit einer Muräne, die er so sehr liebte, dass er geweint haben soll, als sie gestorben war. Auf dem gleichen Landsitz legte Antonia, die Gattin des Drusus[62], ihrer Lieblingsmuräne Ohrringe an. Als sich das herumsprach, wollten manche Leute unbedingt nach Bauli, um sich das anzuschauen.

Muscheln und Perlen

9,102; 104–107

Eine schon festere Schale [als die Landschnecken] haben die Schnecken und Muschelarten, an denen sich die große Vielfalt einer spielenden Natur erweist. So viele Farbunterschiede, so viele Formen gibt es: flache Muscheln, hohle,

circumactis, dimidio orbe caesis, in dorsum elatis, levibus, rugatis, denticulatis, striatis [...].

Sed quid haec tam parva commemoro, cum populatio morum atque luxuria non aliunde maior quam e concharum genere proveniat? iam quidem ex tota rerum natura damnosissimum ventri mare est tot modis, tot mensis, tot piscium saporibus, quis pretia capientium periculo fiunt. sed quota haec portio est reputantibus purpuras, conchylia, margaritas! parum scilicet fuerat in gulas condi maria, nisi manibus, auribus, capite totoque corpore a feminis iuxta virisque gestarentur. quid mari cum vestibus, quid undis fluctibusque cum vellere? non recte recipit haec nos rerum natura nisi nudos? esto, sit tanta ventri cum eo societas: quid tergori? parum est, nisi qui vescimur periculis etiam vestiamur? adeo per totum corpus anima hominis quaesita maxime placent.

Principium ergo columenque omnium rerum pretii margaritae tenent. Indicus maxime has mittit oceanus inter illas beluas tales tantasque, quas diximus, per tot maria venientes, tam longo terrarum tractu et tantis solis ardoribus. atque Indis quoque in insulas petuntur et admodum paucas. fertilissima est Taprobane et Stoidis, ut diximus in circuitu mundi, item Perimula, promunturium Indiae. praeci-

längliche, halbmondförmige, zum Kreis gewundene, im Halbkreis durchschnittene, solche mit Höcker, glatte, gefaltete, gezackte, gestreifte [...].

Doch was halte ich mich bei solchen Nebensächlichkeiten auf – da doch der Niedergang der Sitten und das Luxusstreben durch nichts mehr gefördert wird als durch die Gattung der Muscheln! Da bringt ja von allem in der Natur das Meer dem Bauch den meisten Schaden, durch die Fische, die auf hunderterlei Arten, in hunderterlei Rezepten und Geschmacksrichtungen zubereitet werden und umso teurer sind, je mehr sich die Fischer in Gefahren stürzen müssen. Aber was ist das schon, wenn man an Purpurschnecken, Purpurfarben und Perlen denkt! Nicht genug, dass man den gierigen Schlund mit Gütern aus dem Meer mästete, nein, man musste solche auch noch an den Händen, an den Ohren, am Kopf und am ganzen Körper tragen, Frauen und bald ebenso auch Männer. Was hat das Meer mit der Bekleidung zu tun, was verbindet die Wasserfluten mit der Wolle? Ist es nicht vielmehr so, dass uns dieser Teil der Natur nur nackt empfängt? Nun gut, soll sich der Bauch mit dem Meer so eng verbrüdern – aber auch die Haut? Nicht genug, dass wir unter Gefahren [anderer] unsere Nahrung beziehen, wir wollen uns auch noch auf diese Weise bekleiden, ja uns gefällt am ganzen Körper gerade das am besten, wofür ein Mensch sein Leben eingesetzt hat.

Von allem, was es gibt, sind die Perlen das Kostbarste und Teuerste. Der Indische Ozean schickt uns die meisten, die dort unter der Masse der riesigen Seeungeheuer leben, von denen wir gesprochen haben, und die über so viele Meere, aus so weit entfernten, glutheißen Landstrichen kommen. Die Inder suchen sie auch an Inseln, und zwar nur an wenigen. Am ergiebigsten ist Taprobane und Stoidis[63], wie wir bereits beim Rundgang um die Erde gesagt haben [6,81; 110], ebenso Perimula, ein Vorgebirge Indiens. Ganz besonders gelobt werden aber die Perlen vom

pue autem laudantur circa Arabiam in Persico sinu maris Rubri.

Origo atque genitura conchae sunt haud multum ostrearum conchis differentes. has ubi genitalis anni stimularit hora, pandentes se quadam oscitatione impleri roscido conceptu tradunt, gravidas postea eniti, partumque concharum esse margaritas pro qualitate roris accepti. si purus influxerit, candorem conspici; si vero turbidus, et fetum sordescere.

9,110–114

Concha ipsa, cum manum vidit, conprimit sese operitque opes suas, gnara propter illas se peti, manumque, si praeveniat, acie sua abscidat, nulla iustiore poena, et aliis munita suppliciis, quippe inter scopulos maior pars invenitur, in alto quoque comitantibus marinis canibus, nec tamen aures feminarum arcentur. quidam tradunt sicut apibus, ita concharum examinibus singulas magnitudine et vetustate praecipuas esse veluti duces, mirae ad cavendum sollertiae. has urinantium cura peti, illis captis facile ceteras palantes retibus includi, multo deinde obrutas sale in vasis fictilibus; rosa carne omni nucleos quosdam corporum, hoc est uniones, decidere in ima.

Usu atteri non dubium est coloremque indiligentia mutare. dos omnis in candore, magnitudine, orbe, levore, pondere, haud promptis rebus in tantum, ut nulli duo re-

Erythräischen Meer im Persischen Golf gegenüber von Arabien. In Ursprung und Entstehung unterscheidet sich die Perlmuschel nicht so sehr von den Austernmuscheln. Sobald der Zeitpunkt für die Zeugung im Ablauf des Jahres da ist, wird die Muschel dadurch stimuliert und öffnet sich in einer Art von Gähnen. Dann, so heißt es, füllt sie sich mit Tau und wird dadurch befruchtet.[64] Die Schwangeren gebären dann, und was sie hervorbringen, das sollen die Perlen sein, deren Wert von dem Tau abhängt, den sie empfangen haben. Wenn er rein in sie eingeströmt ist, zeigen sie seinen hellen Glanz, war er aber trübe, so wird auch die Frucht von schmutzigem Aussehen.

9,110–114

Wenn die Muschel eine Hand erblickt, schließt sie sich von selbst und verbirgt ihre Schätze, als ob sie wüsste, dass man sie deswegen sucht, und wenn die Hand dem Schließen zuvorkommt, schneidet sie diese mit ihrem scharfen Rand ab: die gerechteste Strafe. Sie ist auch noch durch andere Bedrohungen gesichert, da man sie meist nur zwischen Klippen findet und sie in der Meerestiefe Haie als Schutzmannschaft haben. Was sie freilich nicht davor bewahrt, in weiblichen Ohren zu landen. Es gibt Berichte, nach denen wie bei den Bienen auch bei den Muscheln einzelne, besonders große und alte, den Schwärmen gewissermaßen als Führer dienen, die mit erstaunlichem Geschick auf der Hut sind. Diese aber suchen die Perltaucher besonders, denn wenn sie gefangen sind, kann man die Übrigen, die zerstreut sind, leicht in Netze einschließen. Sie werden dann in irdenen Gefäßen mit viel Salz bestreut, das alles Fleisch wegfrisst und eine Art von Kernen – das sind eben die Perlen – aus ihren Körpern auf dem Boden der Gefäße abscheidet.

Perlen werden unzweifelhaft durch Gebrauch abgenutzt und verändern durch mangelnde Pflege ihre Farbe. Ihr ganzer Wert beruht auf ihrem weißen Glanz, ihrer Größe, Rundung, Glätte und Schwere. Darin sind sie so unter-

periantur indiscreti: unde nomen unionum Romanae scilicet inposuere deliciae, nam id apud Graecos non est, ne apud barbaros quidem, inventores rei eius, aliud quam margaritae. et in candore ipso magna differentia: clarior in Rubro mari repertis, in Indico specularium lapidum squamas adsimulant, alias magnitudine praecellentes. summa laus coloris est exaluminatos vocari. et procerioribus sua gratia est. elenchos appellant fastigata longitudine alabastrorum figura in pleniorem orbem desinentes. hos digitis suspendere et binos ac ternos auribus feminarum gloria est, subeuntque luxuriae eius nomina externa, exquisita perdito nepotatu, si quidem, cum id fecere, crotalia appellant, ceu sono quoque gaudeant et collisu ipso margaritarum; cupiuntque iam et pauperes, lictorem feminae in publico unionem esse dictitantes. quin et pedibus, nec crepidarum tantum obstragulis, sed totis socculis addunt. neque enim gestare iam margaritas, nisi calcent ac per uniones etiam ambulent, satis est.

9,116–122

In Britannia parvos atque decolores nasci certum est, quoniam Divus Iulius thoracem, quem Veneri Genetrici in templo eius dicavit, ex Britannicis margaritis factum voluerit intellegi.

Lolliam Paulinam, quae fuit Gai principis matrona, ne serio quidem aut sollemni caerimoniarum aliquo apparatu,

schiedlich, dass nie zwei völlig gleiche gefunden werden. Daher hat ihnen ja auch der römische Luxus den Namen die »Einmaligen« [*uniones*] gegeben. Dieser kommt bei den Griechen nicht vor, auch nicht bei den Barbaren, die den Perlmuschelfang erfunden haben. Dort heißen sie nur *margarítai*.[65] Auch in ihrem weißen Glanz gibt es große Unterschiede. Heller schimmern die im Roten Meer gefundenen, die aus dem Indischen Ozean stammenden sind wie die Schuppenblättchen des Spiegelsteins, sie übertreffen die anderen durch ihre Größe. Am meisten gelobt werden die sogenannten alaunfarbigen. Auch längliche Perlen haben ihre Liebhaber. »Beweise« [*élenchoi*] heißen diejenigen, die wie Salbenbüchschen oben länglich zugespitzt sind und in einer Ausbuchtung enden. Das ist der ganze Stolz der Frauen, wenn sie solche am Finger und je zwei oder drei an den Ohren hängen haben. Es kommen fremde Namen für diesen Luxus auf, in heilloser Extravaganz, wenn die Trägerinnen Klappern dazu sagen [*krotália*], als ob sie sich auch am Klang erfreuten und am bloßen Aneinanderstoßen der Perlen. Auch die Armen sind schon begierig danach und sagen, eine Perle, und zwar eine von den »Einmaligen«, das sei auf der Straße der Liktor für die Frau. Ja, man befestigt sie sogar an den Füßen, und zwar nicht nur an den Schuhriemen, sondern überall an den Schuhen. Es ist nicht mehr genug, Perlen zu tragen, wenn man sie nicht auch unter den Füßen hat und auf den »Einmaligen« sogar einhergeht.

9,116–122

In Britannien gibt es auch Perlen, aber sie sind klein und trüb. Das weiß man, da ja der göttliche Julius Caesar eigens bekannt machen ließ, der Brustharnisch für die Statue der Venus Genetrix, die er in ihrem Tempel weihte, sei aus britannischen Perlen angefertigt.

Ich sah einmal Lollia Paulina, früher die Gemahlin des Kaisers Caligula, nicht einmal bei einem Staatsbankett,

sed mediocrium etiam sponsalium cena, vidi smaragdis margaritisque opertam, alterno textu fulgentibus toto capite, crinibus, auribus, collo, digitis. quae summa quadringentiens HS colligebat, ipsa confestim parata mancupationem tabulis probare. nec dona prodigi principis fuerant, sed avitae opes, provinciarum scilicet spoliis partae. hic est rapinarum exitus, hoc fuit quare M. Lollius infamatus regum muneribus in toto oriente interdicta amicitia a Gaio Caesare Augusti filio venenum biberet, ut neptis eius quadringentiens HS operta spectaretur ad lucernas! [...]

nec haec summa luxuriae exempla sunt. duo fuere maximi uniones per omne aevum; utrumque possedit Cleopatra, Aegypti reginarum novissima, per manus orientis regum sibi traditos. haec, cum exquisitis cotidie Antonius saginaretur epulis, superbo simul ac procaci fastu, ut regina meretrix lautitiam eius omnem apparatumque obtrectans, quaerente eo, quid adstrui magnificentiae posset, respondit una se cena centiens HS absumpturam. cupiebat discere Antonius, sed fieri posse non arbitrabatur. ergo sponsionibus factis postero die, quo iudicium agebatur, magnificam alias cenam, ne dies periret, sed cotidianam, Antonio apposuit inridenti computationemque expostu-

sondern bei einem ganz gewöhnlichen Verlobungsessen: Da war sie mit Smaragden und Perlen bedeckt, die immer abwechselnd aneinander gereiht überall glänzten: am ganzen Kopf, im Haar, an den Ohren, am Hals und an den Fingern. Sie hatten einen Gesamtwert von 40 Millionen Sesterzen, und Lollia war sogleich bereit, den Preis durch Kaufurkunden zu belegen! Das waren nicht etwa Geschenke des verschwenderischen Kaisers, sondern ererbter Reichtum, den ihr Großvater durch Plünderung der Provinzen gewonnen hatte. Und das war das Ende dieser Raubzüge, dafür war M. Lollius[66] in üblen Ruf gekommen, weil er von den Königen im gesamten Orient Geschenke angenommen hatte. Und deswegen hatte ihm Gaius Caesar, der [Adoptiv-]Sohn des Augustus, die Freundschaft aufgekündigt, und M. Lollius nahm daraufhin Gift. Und das alles, damit sich nun seine Enkelin mit einem Schmuck von 40 Millionen behängt im Lampenlicht spiegeln konnte. [...]

Aber das sind noch nicht einmal die größten Beispiele von Verschwendungssucht. Zwei Perlen galten seit jeher als die größten und schönsten. Beide gehörten Kleopatra, der letzten Königin von Ägypten, und waren von Herrschern des Orients in ihren Besitz übergegangen. Als sich nun Antonius bei ihr Tag für Tag mit ausgesuchten Leckerbissen vollstopfte, da spottete sie voller Verachtung, stolz und frech zugleich, wie es zu einer königlichen Dirne passt, über seinen ganzen protzigen Aufwand. Auf seine Frage, wie man denn noch größere Pracht entfalten könne, antwortete sie: »Ich will bei einer Mahlzeit zehn Millionen verzehren.« Antonius wollte wissen, wie das ginge, er hielt es jedoch nicht für möglich. Man schloss daher Wetten ab, und am folgenden Tag, der zur Entscheidung angesetzt war, ließ die Königin, um den Tag nicht ungenützt verstreichen zu lassen, Antonius eine zwar prächtige, aber im Grunde doch alltägliche Mahlzeit vorsetzen. Antonius lachte darüber und forderte, die Rechnung zu sehen. Da

lanti. at illa corollarium id esse et consumpturam eam cenam taxationem confirmans solamque se centiens HS cenaturam, inferri mensam secundam issuit. ex praecepto ministri unum tantum vas ante eam posuere aceti, cuius asperitas visque in tabem margaritas resolvit. gerebat auribus cum maxime singulare illud et vere unicum naturae opus. itaque expectante Antonio, quidnam esset actura, detractum alterum mersit ac liquefactum obsorbuit. iniecit alteri manum L. Plancus, iudex sponsionis eius, eum quoque parante simili modo absumere, victumque Antonium pronuntiavit omine rato. comitatur fama unionis eius parem, capta illa tantae quaestionis victrice regina, dissectum, ut esset in utrisque Veneris auribus Romae in Pantheo dimidia eorum cena. non ferent hanc palmam spoliabunturque etiam luxuriae gloria. prior id fecerat Romae in unionibus magnae taxationis Clodius, tragoedi Aesopi filius, relictus ab eo in amplis opibus heres, ne triumviratu suo nimis superbiat Antonius paene histrioni comparatus, et quidem nulla sponsione ad hoc producto (quo magis regium fiat), sed ut experiretur in gloriam palati, quidnam saperent margaritae. atque ut mire placuere, ne solus hoc sciret, singulos uniones convivis quoque absorbendos dedit.

beteuerte sie, das sei doch nur die Beilage; die gesamte Mahlzeit werde die festgesetzte Summe kosten, denn sie allein werde schon für zehn Millionen speisen. Darauf befahl sie, den Nachtisch zu servieren. Auf ihre Anordnung stellten die Diener ein einziges Gefäß vor sie hin mit Essig, der so scharf und kräftig war, dass er Perlen in eine trübe Flüssigkeit auflöste. Kleopatra trug an ihren Ohren jene einzigartigen Perlen, ein einmaliges Wunderwerk der Natur. Und während Antonius darauf wartete, was sie tun würde, nahm sie eine Perle ab, warf sie in das Gefäß und schlürfte die Flüssigkeit. Als sie daranging, auch die andere Perle auf die gleiche Weise zu verzehren, legte Plancus, der Schiedsrichter dieser Wette, die Hand darauf und erklärte Antonius für besiegt. Ein ominöses Wort, das in Erfüllung gehen sollte.[67] Diese zweite, gleich außergewöhnliche Perle blieb aber ebenfalls berühmt, denn die Königin, in dieser Wette siegreich, geriet dann in Gefangenschaft, und ihre Perle wurde [nach Rom gebracht und] durchgeschnitten. Und nun befindet sich die Hälfte ihrer Mahlzeit in den beiden Ohren der Venusstatue im Pantheon in Rom! Freilich werden Antonius und Kleopatra diesen Rekord nicht halten können und auch den Ruhm als Meister der Verschwendung verlieren. Denn schon früher hatte in Rom ein gewisser Clodius Perlen von hohem Wert aufgelöst: der Sohn des Tragödienschauspielers Aesopus und Erbe von dessen bedeutendem Vermögen.[68] Daher braucht sich Antonius auf seine Vorrangstellung nicht allzu viel einzubilden, denn ein Schauspieler kann sozusagen mit ihm in eine Reihe gestellt werden. Und der wurde noch nicht einmal durch eine Wette verleitet, was sein Unternehmen noch königlicher erscheinen lässt, nein, er wollte nur zum Ruhme seines Gaumens erfahren, wie Perlen schmecken. Und als es ihm vortrefflich mundete, wollte er das Wissen um diesen Wohlgeschmack nicht für sich allein behalten, sondern gab auch jedem seiner Gäste eine kostbare Perle zu schlürfen.

21,154–157

Thymum colligi oportet in flore et in umbra siccari. duo autem sunt genera eius: candidum, radice lignosa, in collibus nascens, quod et praefertur; alterum nigrius florisque nigri. utraque oculorum claritati multum conferre existimantur et in cibo et in medicamentis; item diutinae tussi ecligmate faciles excreationes facere cum aceto et sale, sanguinem concrescere non pati e melle, longas faucium destillationes extra inlita cum sinapi extenuare, item stomachi et ventris vitia. modicis tamen utendum est, quoniam

Heilmittel aus dem Pflanzen- und Tierreich

Einen großen Teil seines Werkes widmet Plinius den Heilmitteln pflanzlicher und tierischer Herkunft. Bei den Heilmitteln aus dem Pflanzenreich spielt die Volksmedizin eine große Rolle. Dabei hält es Plinius für geboten, alle Heilverfahren mitzuteilen, ob er nun im Einzelnen von ihrer Wirksamkeit überzeugt ist oder nicht. Oft fügt er hinzu: wie man sagt, wie einige meinen usw. Seine überzivilisierten Zeitgenossen wissen kaum noch etwas über Heilkräuter und ihre vielfachen Wirkungsmöglichkeiten; umso notwendiger erscheint es Plinius, diese Kenntnisse zu bewahren.

Innerhalb der Heilmittel aus dem Pflanzenreich wird der Thymian (Quendel) besprochen, der auch heute noch wegen seiner ätherischen Öle und seiner schleimlösenden Wirkung als Magen- und Hustenmittel sowie als verdauungsfördernde Würzpflanze zu den Heilpflanzen gerechnet wird.

21,154–157

Den Thymian soll man während der Blütezeit sammeln und im Schatten trocknen. Es gibt zwei Arten von ihm: den weißen, mit holziger Wurzel, der auf Hügeln wächst und auch bevorzugt wird. Der andere ist dunkler und hat auch eine dunkle Blüte. Von beiden Sorten glaubt man, dass sie, sowohl als Speise genossen wie auch in Medikamenten, viel zur Klarheit der Augen beitragen, ebenso soll Thymian [getrocknet und pulverisiert] einem Fruchtmus beigegeben bei Bronchitis das Abhusten erleichtern, wenn man Essig und Salz dazugibt; mit Honig aber soll das Blut nicht gerinnen. Eine äußerlich aufgestrichene Lösung mit Senf mildert hartnäckigen Rachenkatarrh, ebenso Magen- und Darmleiden. Der Thymian soll dennoch nur mäßig angewendet werden, denn er erhitzt den Körper; dank die-

excalfaciunt; qua vi sistunt alvum, quae si exulcerata sit, denarii pondus in sextarium aceti et mellis addi oporteat, item si lateris dolor sit, aut inter scapulas aut in thorace. praecordiis medentur ex aceto cum melle, quae potio datur et in alienatione mentis ac melancholicis. datur et comitialibus, quos correptos olfactu excitat thymum. aiunt et dormire eos oportere in molli thymo. prodest et orthopnoicis et anhelatoribus mulierumque mensibus retardatis vel si emortui sint in utero partus, decoctum in aqua ad tertias, et viris vero contra inflationes cum melle et aceto et si venter turgueat testesve aut si vesicae dolor exigat. e vino tumores et impetus inpositum tollit, item cum aceto callum et verrucas. coxendicibus inponitur cum vino, articulariis morbis et luxatis tritum ac lanae inspersum ex oleo, ambustis cum adipe suillo. dant et potionem in articulariis morbis trium obolorum pondere in tribus cyathis aceti et mellis, in fastidio tritum cum sale.

ser Eigenschaft hemmt er aber den Durchfall. Bei Geschwüren im Bauchraum soll man [getrockneten Thymian] in der Menge von einem *denarius* mit einem *sextarius* Essig und Honig versetzen; das Gleiche hilft auch bei Schmerzen in der Seite oder zwischen den Schulterblättern oder in der Lunge. Auch für den Magen ist er heilsam, in Essig mit Honig eingenommen. Diesen Trank verabreicht man auch bei Bewusstlosigkeit und bei Melancholie. Man gibt ihn auch bei epileptischen Anfällen, da die davon Betroffenen schon durch den Geruch des Thymians wieder zu sich kommen. Sie sollen auch, so sagt man, auf einem weichen Lager aus Thymian schlafen. Er nützt ferner bei Kurzatmigkeit und Atemnot. In Wasser auf ein Drittel eingekocht hilft er bei Frauen mit verzögerter Menstruation oder wenn die Frucht im Mutterleib abgestorben ist. Bei Männern aber wirkt er, mit Honig und Essig eingekocht, gegen Blähungen und wenn Bauch oder Hoden angeschwollen sind oder wenn man etwas gegen Schmerzen in der Blase benötigt. Eine in Wein getauchte Kompresse vertreibt Geschwulste und Ausschlag, eine mit Essig Schwielen und Warzen. Auf schmerzende Hüftgelenke legt man Thymian mit Wein auf, bei Gelenkerkrankungen und Verrenkungen gibt man ihn zerrieben und mit Öl vermischt auf Wolle geträufelt, bei Brandwunden mit Schweinefett. Man verabreicht auch bei Gelenkerkrankungen einen Trank mit einer Dosis von drei *oboloi* Thymian auf drei *kyathoi*[69] Essig mit Honig, bei Appetitlosigkeit zerriebenen Thymian mit Salz.

Bei der Beschreibung der Heilmittel aus dem Tierreich, geordnet nach Krankheiten »von Kopf bis Fuß« und speziell Frauen- und Kinderkrankheiten, spielen Vorstellungen aus dem Volksaberglauben und magische Behandlungsweisen eine noch größere Rolle als bei den Heilpflanzen. Glaubte Plinius selbst an solche Methoden, oder wollte er nur ein gewissenhafter Berichterstatter sein? Nach seinen kriti-

28,257–259

Infantibus nihil butyro utilius per se et cum melle, privatim et in dentitione et ad gingivas et ad oris ulcera. dens lupi adalligatus infantium pavores prohibet dentiendique morbos, quod et pellis lupina praestat. dentes quidem eorum maximi equis quoque adalligati infatigabilem cursum praestare dicuntur. leporum coagulo ubere inlito sistitur infantium alvus. iocur asini admixta modice panace instillatum in os a comitialibus morbis et aliis infantes tuetur; hoc XL diebus fieri praecipiunt. et pellis asini iniecta inpavidos infantes facit. dentes, qui equis primum cadunt, facilem dentitionem praestant adalligati infantibus; efficacius, si terram non attigere. lien bubulus in melle et datur et inlinitur ad lienis dolores; sedat ulcera manantia cum melle lien vituli, in vino decoctus tritusque et inlitus ulcuscula oris. cerebrum caprae Magi per anulum aureum traiectum,

schen Worten über den Aberglauben möchte man das Letztere annehmen, doch kann man angesichts moderner Einstellungen (Horoskop in Zeitungen) auch ein »Sowohl-als-auch« für möglich halten. So sagt er: »Cato glaubte, wenn man Hasenbraten gegessen habe, könne man gut schlafen. Das Volk aber glaubt, der Hase verleihe auch neun Tage lang ein gewinnendes Äußeres: zwar ein albernes Bonmot[70]*, für das es dennoch eine Art von Begründung geben muss, wenn so viele davon überzeugt sind.« (28,260)*

Gegen Kinderkrankheiten hat Plinius eine Mischung aus Arzneimitteln und magischen Bräuchen bereit.

28,257–259

Für Kleinkinder ist nichts nützlicher als Butter, entweder für sich allein oder mit Honig, ganz besonders beim Zahnen, sowohl für das Zahnfleisch wie auch gegen Entzündungen im Mundraum. Ein angebundener Wolfszahn [als Amulett] hält die Angst der Kinder fern wie auch die Krankheiten beim Zahnen, was auch ein Wolfsfell leistet. Es heißt ja, die größten Zähne des Wolfs, ebenfalls angebunden, würden Pferde ohne Ermüdung laufen lassen. Mit dem Lab aus dem Magen von Hasen, auf die Brust der Mutter gestrichen, heilt man den Durchfall der Säuglinge. Eselsleber, mit ein wenig Heilkraut gemischt und in den Mund geträufelt, schützt Kinder vor epileptischen Anfällen und anderen Krankheiten; die Vorschrift lautet, es müsse 40 Tage lang angewendet werden. Und eine übergeworfene Eselshaut macht die Kinder furchtlos. Die Zähne, die den Pferden als Erste ausfallen, erleichtern das Zahnen, wenn man sie den Kindern [als Beißring] anbindet. Noch wirksamer sind sie, wenn sie die Erde nicht berührt haben. Rindermilz wird in Honig sowohl eingegeben wie auch aufgestrichen gegen Schmerzen an der Milz.[71] Nässende Geschwüre lindert Kälbermilz mit Honig; in Wein gekocht, gerieben und aufgestrichen hilft sie bei kleineren Entzündungen im Mundraum. Das Hirn einer Ziege,

priusquam lac detur, infantibus instillant contra comitiales ceterosque infantium morbos. caprinum fimum inquietos infantes adalligatum panno cohibet, maxime puellas. lacte caprino aut cerebro leporum perunctae gingivae faciles dentitiones faciunt.

durch einen goldenen Ring gepresst, flößen die Magier den Kindern ein gegen Epilepsie und die übrigen Kinderkrankheiten, und zwar bevor sie Milch bekommen. Ziegenmist, in einem Lappen angebunden, hält zappelige Kleinkinder im Zaum, besonders Mädchen. Das Bestreichen des Zahnfleischs mit Ziegenmilch oder Hasenhirn erleichtert das Zahnen.

29,1–13

Naturae remediorum atque multitudo instantium ac praeteritorum plura de ipsa medendi arte cogunt dicere, quamquam non ignarus sim, nulli ante haec Latino sermone condita ancepsque, lubricum esse rerum omnium novarum exordium, utique tam sterilis gratiae tantaeque difficultatis

Kritische Geschichte der antiken Heilkunst

Anlässlich der Fülle von Heilmitteln aus der Natur kommt Plinius auf die Heilkunst selbst zu sprechen, speziell auf die Entwicklung der Medizin in Rom. Seine Zeitgenossen haben die Sorge um ihre Gesundheit an die Ärzte delegiert, die meist Griechen sind. Und diese haben ihr Monopol und ihren Einfluss über Gebühr ausgeweitet. Plinius fühlt sich zu einer scharfen Kritik an der Medizin seiner Zeit herausgefordert. Er wettert gegen die publicitysüchtigen, raffgierigen Modeärzte, die ihre ständig wechselnden Methoden jeweils wortgewandt zu »verkaufen« wissen. Er fordert, dass sich die Römer selbst ernsthaft der Medizin annehmen. Statt der von theoretischen Prinzipien ausgehenden Heilkunst der Griechen sollten römische Ärzte auf die Schätze der Naturheilkunde zurückgreifen. Diese finden sich in der altitalischen Volksmedizin, die aber von Vergessenheit bedroht ist. Die oft bewusst überzogene Kritik des Plinius an den griechischen Ärzten ist unter diesem Aspekt zu verstehen. Wie Cicero im Vorwort zu seinen Tuskulanischen Gesprächen *die »Kulturhoheit« der Griechen in Frage stellt, um seine Landsleute zu ermuntern, sich ohne Scheu der Philosophie anzunehmen, so plädiert Plinius für eine »römische Medizin«.*

29,1–13

Die Wirkungsweise und die große Anzahl der Heilmittel, die noch angewendet oder nicht mehr in Gebrauch sind, veranlassen mich, etwas ausführlicher über die Heilkunst selbst zu sprechen. Dabei bin ich mir bewusst, dass dies noch niemand vor mir in lateinischer Sprache unternommen hat.[72] Neuland zu betreten ist stets ein schwieriges, ja riskantes Unternehmen, zumal wenn der Gegenstand kaum Dank und Anerkennung finden wird und die Abfassung solch große Schwierigkeiten bereitet. Es stellt sich

in promendo. sed quaestionem occurrere verisimile est omnium, qui haec noscant, cogitationi, quonam modo exoleverint in medicinae usu quae iam parata atque pertinentia erant, mirumque et indignum protinus subit, nullam artium inconstantiorem fuisse aut etiamnunc saepius mutari, cum sit fructuosior nulla. dis primum inventores suos adsignavit et caelo dicavit, nec non et hodie multifariam ab oraculis medicina petitur. auxit deinde famam etiam crimine, ictum fulmine Aesculapium fabulata, quoniam Tyndareum revocavisset ad vitam – nec tamen cessavit narrare alios revixisse opera sua –, clara Troianis temporibus, quibus fama certior, vulnerum tamen dumtaxat remediis.

Sequentia eius, mirum dictu, in nocte densissima latuere usque ad Peloponnesiacum bellum. tunc eam revocavit in lucem Hippocrates, genitus in insula Coo in primis clara ac valida et Aesculapio dicata. is, cum fuisset mos, liberatos morbis scribere in templo eius dei quid auxiliatum esset, ut postea similitudo proficeret, exscripsisse ea traditur atque, ut Varro apud nos credit, templo cremato iis instituisse medicinam hanc, quae clinice vocatur. nec fuit postea quaestus modus, quoniam Prodicus, Selymbriae natus, e discipulis eius instituit quam vocant iatralipticen et unctoribus quoque medicorum ac mediastinis vectigal invenit.

Horum placita Chrysippus ingenti garrulitate mutavit,

aber doch für jeden, der sich darin auskennt, die Frage, auf welche Weise denn bei der Ausübung der Heilkunde Mittel, die vorhanden und erprobt waren, auf einmal sozusagen aus der Mode gekommen sind. Verwunderlich und unwürdig kommt es einem weiterhin vor, dass von allen Künsten keine so unbeständig war oder sich auch jetzt noch öfter ändert, obwohl doch keine mehr Nutzen bringt als die Heilkunst. Ihre Erfinder hat sie zu Anfang unter die Götter versetzt und dem Himmel geweiht, wie man ja auch heute noch vielerorts bei den Orakeln Heilung sucht. Dann vermehrte sie ihren Ruf sogar durch ein Verbrechen, indem sie die Fabel verbreitete, Asklepios sei vom Blitz erschlagen worden, da er den Tyndareos[73] ins Leben zurückgerufen habe – wobei sie nicht unterließ zu berichten, es seien auch andere durch die Heilkraft der Medizin wiedererweckt worden. Berühmt war die Heilkunst im Trojanischen Krieg – aus dieser Zeit hat man auch eine einigermaßen gesicherte Überlieferung, allerdings nur für die Behandlung von Verwundungen.

Ihre Entwicklung in der Folgezeit blieb merkwürdigerweise bis zum Peloponnesischen Krieg in tiefstes Dunkel gehüllt. Dann brachte Hippokrates sie wieder ans Licht. Er stammte von Kos, der hochberühmten und dem Asklepios geweihten Insel. Im Tempel dieses Gottes pflegten die von ihren Krankheiten Geheilten niederzuschreiben, was ihnen geholfen hatte, damit es später in ähnlichen Fällen von Nutzen sein könne. Davon habe sich Hippokrates, so wird überliefert, Abschriften gemacht. Und wie Varro bei uns glaubt, habe Hippokrates nach dem Brand des Tempels mit Hilfe dieser Zeugnisse dann die Medizin begründet, die man die klinische nennt. Später aber kannte die Gewinnsucht weder Maß noch Ziel: Prodikos aus Selymbria, einer der Schüler des Hippokrates, führte die sogenannte Salbenheilkunst ein und verschaffte so auch den Masseuren und den Arztgehilfen ihr Einkommen.

Die Lehrmeinungen dieser Männer zu ändern, betrieb

plurimumque et ex Chrysippo discipulus eius Erasistratus, Aristotelis filia genitus. hic Antiocho rege sanato centum talentis donatus est a rege Ptolemaeo filio eius, ut incipiamus et praemia artis ostendere.

Alia factio ab experimentis se cognominans empiricen coepit in Sicilia, Acrone Agragantino Empedoclis physici auctoritate commendato, dissederuntque hae scholae, et omnes eas damnavit Herophilus in musicos pedes venarum pulsu discripto per aetatum gradus. deserta deinde et haec secta est, quoniam necesse erat in ea litteras scire; mutata et quam postea Asclepiades, ut rettulimus, invenerat. auditor eius Themison fuit seque inter initia adscripsit illi, mox procedente vita sua et placita mutavit, sed et illa Antonius Musa clarissimus auctoritate divi Augusti, quem contraria medicina gravi periculo exemerat.

multos praetereo medicos celeberrimosque ex iis Cassios, Carpetanos, Arruntios, Rubrios. $\overline{CCL}$ HS annuae iis mercedes fuere apud principes. Q. Stertinius inputavit principibus, quod sestertiis quingenis annuis contentus esset, sescena enim sibi quaestu urbis fuisse enumeratis domibus ostendebat. par et fratri eius merces a Claudio Caesare infusa est, censusque, quamquam exhausti operibus

Chrysippos, und zwar mit gewaltigem Redeaufwand. Das meiste auch von seiner Lehre änderte wieder sein Schüler Erasistratos, [Adoptiv-]Sohn der Tochter des Aristoteles. Dieser erhielt nach der Heilung des Königs Antiochos 100 Talente als Geschenk von dessen Sohn, König Ptolemaios – und damit beginnen wir, auch die Gewinnseite dieser Kunst zu zeigen.

Eine andere Richtung ging von praktischen Erfahrungen aus und nannte sich daher die empirische. Sie nahm ihren Anfang in Sizilien durch Akron von Akragas, der durch die Autorität des Naturphilosophen Empedokles empfohlen war. Diese Schulen waren uneinig untereinander; sie wurden allesamt verworfen von Herophilos, der den Pulsschlag in den Adern, je nach Altersstufe, in Takte einteilte, wie in der Musik. Aber auch diese Richtung wurde dann wieder aufgegeben, da sie eine wissenschaftliche Vorbildung voraussetzte. Auch das System, das wie berichtet [26,12 f.] Asklepiades später erdacht hatte, wurde wieder verändert. Sein Schüler war Themison, der nach anfänglicher Zustimmung mit fortschreitendem Alter aber die Lehrsätze wieder änderte. Doch auch dessen Lehren wurden wieder umgemodelt, und zwar von Antonius Musa, der sein hohes Ansehen aus der Wertschätzung durch Augustus bezog. Er hatte den Kaiser aus einer lebensbedrohlichen Krankheit errettet, und zwar durch eine ganz konträre Heilmethode.[74]

Viele andere Ärzte will ich übergehen, darunter solche Koryphäen wie Cassius, Carpetanus, Arruntius und Rubrius. Diese hatten bei den Kaisern ein Jahresgehalt von 250 000 Sesterzen bezogen. Q. Stertinius erklärte sich ihnen gegenüber mit einer halben Million zufrieden. Dabei wies er, indem er die Häuser seiner Privatpatienten in der Stadt aufzählte, darauf hin, dass er eigentlich Einnahmen von 600 000 Sesterzen hätte. Dessen Bruder wurde von Kaiser Claudius mit einem ebenso großen Geldsegen überschüttet. Beide Brüder hinterließen ihrem Erben 30

Neapoli exornata, heredi HS $\overline{\mathrm{CCC}}$ reliquere, quantum aetate eadem Arruntius solus. exortus deinde est Vettius Valens, adulterio Messalinae Claudii Caesaris nobilitatus, pariterque eloquentiae adsectatores et potentiae nanctus novam instituit sectam. eadem aetas Neronis principatu ad Thessalum transilivit, delentem cuncta placita et rabie quadam in omnis aevi medicos perorantem, quali prudentia ingenioque, aestimari vel uno argumento abunde potest, cum monumento suo, quod est Appia via, iatronicen se inscripserit. nullius histrionum equorumque trigarii comitatior egressus in publico erat, cum Crinas Massiliensis arte geminata, ut cautior religiosiorque, ad siderum motus ex ephemeride mathematica cibos dando horasque observando auctoritate eum praecessit, nuperque HS $\overline{\mathrm{C}}$ reliquit, muris patriae moenibusque aliis paene non minore summa extructis. hi regebant fata, cum repente civitatem Charmis ex eadem Massilia invasit damnatis non solum prioribus medicis, verum et balineis, frigidaque etiam hibernis algoribus lavari persuasit. mersit aegros in lacus. videbamus se-

Millionen Sesterzen, eine Summe, die zu dieser Zeit nur Arruntius hinterlassen hatte. Und dabei hatten die beiden ihr Vermögen noch ziemlich vermindert, indem sie Neapel mit Bauwerken geschmückt hatten. Dann trat Vettius Valens auf, der seinen Ruhm aus dem ehebrecherischen Verhältnis mit Messalina, der Gattin des Kaisers Claudius, bezog. Nachdem er gleichermaßen mit seiner Beredsamkeit wie durch seine Machtstellung Anhänger gewonnen hatte, gründete er eine neue Schule. Im gleichen Zeitalter, unter der Regierung Neros, liefen alle zu einem gewissen Thessalos über. Er verwarf sämtliche bisherigen Lehrsätze ganz und gar und lief Sturm gegen die Ärzte aller Zeiten. Mit welcher Weisheit und Einsicht er das tat, dafür genügt es als Beweis schon, wenn man nur seine Grabinschrift an der Via Appia liest. Da hat er sich nämlich als *iatronikes*, als »Ärztebesieger«, verewigt. Kein anderer Publikumsliebling, ob Schauspieler oder Wagenrennfahrer, erschien mit einem zahlreicheren Gefolge in der Öffentlichkeit – bis auch er seinen Meister fand. Das war Krinas aus Massilia, ein eher bedachtsamer, abergläubischen Vorstellungen zugeneigter Mann, der zwei Künste [Medizin und Astrologie] vereinigte. Er orientierte sich an einem astrologischen Kalender, verabreichte seine Diät nach den Bahnen der Gestirne und berücksichtigte bei seinen Behandlungen jeweils die Tagesstunden. Er ist neulich gestorben und hat 10 Millionen Sesterzen hinterlassen. Dabei hatte er eine kaum geringere Summe schon für die Mauern und andere Bauten seiner Heimatstadt Massilia aufgewendet. Noch beherrschte seine Schule die Geschicke der Stadt, da brach unversehens Charmis über sie herein, ebenfalls aus Massilia. Er verdammte nicht nur seine Vorgänger, sondern auch die Anwendung von warmen Bädern. Kaltwasserbäder verordnete er, auch bei winterlichem Frost, und tauchte die Kranken in Wasserbassins. Da sahen wir alte Männer, ehemalige Konsuln, wie sie vor Kälte erstarrt im Wasser standen und sich ge-

nes consulares usque in ostentationem rigentes, qua de re exstat etiam Annaei Senecae adstipulatio.

nec dubium est omnes istos famam novitate aliqua aucupantes anima statim nostra negotiari. hinc illae circa aegros miserae sententiarum concertationes, nullo idem censente, ne videatur accessio alterius. hinc illa infelicis monumenti inscriptio: turba se medicorum perisse.

mutatur ars cottidie totiens interpolis, et ingeniorum Graeciae flatu inpellimur, palamque est, ut quisque inter istos loquendo polleat, imperatorem ilico vitae nostrae necisque fieri, ceu vero non milia gentium sine medicis degant nec tamen sine medicina, sicuti populus Romanus ultra sexcentesimum annum, neque ipse in accipiendis artibus lentus, medicinae vero etiam avidus, donec expertam damnavit.

Etenim percensere insignia priscorum in his moribus convenit. Cassius Hemina ex antiquissimis auctor est primum e medicis venisse Romam Peloponneso Archagathum Lysaniae filium L. Aemilio M. Livio cos. anno urbis DXXXV, eique ius Quiritium datum et tabernam in compito Acilio emptam ob id publice. vulnerarium eum fuisse egregium, mireque gratum adventum eius initio, mox a

radezu zur Schau stellten, eine Methode, zu der sich auch Annaeus Seneca bekennt.

Es gibt keinen Zweifel, dass alle diese Ärzte, die durch irgendwelche neuartigen Kuren berühmt werden wollen, unbedenklich mit unserem Leben Geschäfte machen. Daher dieses leidige Disputieren am Krankenbett, wobei keiner das gleiche Urteil abgibt, nur damit es nicht so aussieht, als stimme er einem Kollegen zu. Daher auch jene Inschrift eines Unglücklichen auf seinem Grabmal: »Die Vielzahl der Ärzte hat mich das Leben gekostet.«

Tagtäglich wird die ärztliche Kunst umgekrempelt und zurechtgestutzt, und wir werden vom Wind des griechischen Erfindergeistes umhergetrieben. So viel ist sicher: Wer von ihnen das gewandteste Mundwerk hat, der wird bei uns alsbald Herr über Leben und Tod. Als ob wahrhaftig nicht Tausende von Völkern ohne Ärzte, jedoch nicht ohne Arzneimittel lebten. So war es schließlich ja auch beim römischen Volk mehr als 600 Jahre der Fall. Die Römer, die in der Übernahme von Künsten und Kenntnissen keineswegs zurückhaltend sind, waren zu Anfang ganz begierig auf die Heilkunst. Nachdem sie diese aber ausprobiert hatten, wollten sie nichts mehr von ihr wissen.

Es ist nun angebracht, jeweils die besondere Reaktion unserer Vorfahren zu betrachten. Cassius Hemina, einer der ältesten römischen Schriftsteller, berichtet, dass der erste Arzt aus der Peloponnes nach Rom kam, Archagathos, der Sohn des Lysanias. Es war unter dem Konsulat des L. Aemilius [Paullus] und des M. Livius [Salinator], im 535. Jahr nach Gründung der Stadt [219 v. Chr.]. Er bekam das Bürgerrecht verliehen, und man kaufte ihm auf Staatskosten an der Acilischen Kreuzung eine Wohnung, wo er seine Praxis ausüben konnte. Hemina sagt weiter, er sei ein hervorragender Wundarzt gewesen, und man freute sich zu Anfang ungemein, dass er gekommen war. Wegen seiner brutalen Art beim Schneiden und

saevitia secandi urendique transisse nomen in carnificem et in taedium artem omnesque medicos.

29,16–18

Non rem antiqui damnabant, sed artem, maxime vero quaestum esse manipretio vitae recusabant. ideo templum Aesculapii, etiam cum reciperetur is deus, extra urbem fecisse iterumque in insula traduntur nec, cum Graecos Italia pellerent, diu etiam post Catonem, excepisse medicos. augebo providentiam illorum. solam hanc artium Graecarum nondum exercet Romana gravitas, in tanto fructu paucissimi Quiritium attigere, et ipsi statim ad Graecos transfu-

Brennen bekam er aber bald den Namen Henker. Dadurch kam es zu einer Abneigung gegen die Heilkunst und gegen alle Ärzte.

Plinius zitiert in 29,14 aus einem Brief Catos des Älteren, in dem dieser seinen Sohn davor warnt, die Kenntnisse und Wissenschaften der Griechen allzu kritiklos zu übernehmen. Dies gelte besonders für die Medizin, denn die griechischen Ärzte hätten sich verschworen, alle Barbaren – dazu zählten sie auch die Römer – durch ihre Arzneien umzubringen. Und sie ließen sich für ihre Dienste bezahlen, damit man ihnen vertraue und sie ihre verhängnisvolle Tätigkeit umso leichter ausüben könnten. Cato hat, so Plinius, keineswegs die Heilkunst an sich verdammt. Vielmehr verfügte er selbst über große Kenntnisse und besaß ein Arznei- und Rezeptbuch, nach dem er seine Familie und seine Dienerschaft heilte. Und er ist ja immerhin auch 84 Jahre alt geworden.

29,16–18

Unsere Vorfahren verwarfen keineswegs die Heilkunst selbst, sondern die Art und Weise, wie sie ausgeübt wurde; hauptsächlich aber lehnten sie es ab, dass aus der Erhaltung des Lebens ein Geschäft gemacht wurde. Daher sollen sie den Tempel des Asklepios, auch als dieser unter die römischen Götter aufgenommen wurde, außerhalb der Stadt und dann wiederum auf einer Insel erbaut haben,[75] und als sie, lange nach Cato, die Griechen aus Italien vertrieben, sollen sie auch die Ärzte nicht ausgeschlossen haben. Ich will ihre weise Vorsicht auch im Folgenden betonen. Die Medizin ist die einzige unter den von den Griechen kommenden Künsten, welche die Römer in ihrer ernsthaften Art noch nicht zu ihrem Übungsfeld gemacht haben. Trotz der Aussicht auf reichen Gewinn haben sich nur äußerst wenige Römer damit befasst. Und selbst diese sind sogleich zu den Griechen übergelaufen: Man kommt

gae, immo vero auctoritas aliter quam Graece eam tractantibus etiam apud inperitos expertesque linguae non est, ac minus credunt quae ad salutem suam pertinent, si intellegant. itaque, Hercules, in hac artium sola evenit, ut cuicumque medicum se professo statim credatur, cum sit periculum in nullo mendacio maius. non tamen illud intuemur; adeo blanda est sperandi pro se cuique dulcedo. nulla praeterea lex, quae puniat inscitiam capitalem, nullum exemplum vindictae. discunt periculis nostris et experimenta per mortes agunt, medicoque tantum hominem occidisse inpunitas summa est. quin immo transit convitium et intemperantia culpatur, ultroque qui periere arguuntur.

29,26–28

Illa perdidere imperii mores, illa, quae sani patimur, luctatus, ceromata ceu valitudinis causa instituta, balineae ardentes, quibus persuasere in corporibus cibos coqui, ut nemo non minus validus exiret, oboedientissimi vero efferrentur, potus deinde ieiunorum ac vomitiones et rursus perpotationes ac pilorum eviratio instituta resinis eorum, itemque pectines in feminis quidem publicati. ita est profecto: lues morum, nec aliunde maior quam e medicina, va-

einfach nicht anders zu Ansehen, als wenn man die Heilkunst auf Griechisch betreibt. Und das gilt gerade für die Unerfahrenen und die kein Griechisch können. Sie haben zu den Anordnungen, die ihr Wohl betreffen, mehr Zutrauen, wenn sie diese nicht verstehen. Deshalb kann es wahrhaftig auch nur bei dieser Kunst vorkommen, dass man jedem Beliebigen, der sich als Arzt ausgibt, sofort Glauben schenkt. Dabei ist doch im Falle einer Unwahrheit das Risiko hier am größten. Doch darauf achtet man nicht; man lässt sich zu gern verführen, für sich selber das Beste zu hoffen. Überdies existiert kein Gesetz, das eine schwerwiegende und folgenreiche Unwissenheit bestraft, nirgendwo ist ein Exempel dieser Art statuiert worden. Die Ärzte lernen aus unseren lebensbedrohlichen Situationen und machen Experimente mit dem Tod. Der Arzt allein geht völlig straffrei aus, wenn er einen Menschen zu Tode gebracht hat. Vorwürfe weisen sie von sich ab und nennen etwa die Unmäßigkeit als Ursache: So ist auch noch der Verstorbene selbst schuld!

29,26–28

Mit ihren Methoden aber haben die Ärzte die Sitten im ganzen Reich verdorben, ich meine die Kuren, die wir in gesundem Zustand mitmachen: Ringen und das Bestreichen mit Wachssalben, beides angeblich zur Erhaltung der Gesundheit eingeführt, dann kochend heiße Bäder, durch welche die Speisen besser verdaut werden, wie man uns einredet – niemand geht da gekräftigt heraus; manche, die gar zu sehr auf die Worte ihres Arztes schwören, müssen sogar auf der Bahre herausgetragen werden. Dann soll man trinken auf nüchternen Magen, soll Brechmittel einnehmen, dann wieder unmäßig zechen und sich, ganz unmännlich, durch heißes Harz die Körperhaare entfernen, und bei den Frauen stellt man geradezu die Schamhaare zur Schau.[76] So ist es doch wahrhaftig: Diese Auflösung der Sitten, die sich nirgendwo mehr als bei der Heilkunst

tem prorsus cottidie facit Catonem et oraculum: satis esse ingenia Graecorum inspicere, non perdiscere.

Haec fuerint dicenda pro senatu illo sescentisque p. R. annis adversus artem, in qua condicione insidiosissima auctoritatem pessimis boni faciunt, simul contra attonitas quorundam persuasiones, qui prodesse nisi pretiosa non putant.

29,19

Merito, dum nemini nostrum libet scire, quid saluti suae opus sit. alienis pedibus ambulamus, alienis oculis agnoscimus, aliena memoria salutamus, aliena et vivimus opera, perieruntque rerum naturae pretia et vitae argumenta. nihil aliud pro nostro habemus quam delicias.

zeigt, lässt Cato geradezu tagtäglich mehr zum Propheten und seine Worte zum Orakel werden: Es genüge, sich die schlauen Erfindungen der Griechen einmal anzusehen, man müsse sie aber nicht auswendig lernen.[77]

Das musste wohl gesagt werden zu Gunsten der römischen Obrigkeit und jener 600 Jahre des römischen Staates [ohne griechische Ärzte], gegen eine Kunst, bei der betrügerische Bedingungen es möglich machen, dass redliche Menschen den unredlichen Autorität einräumen, und zugleich gegen die hirnverbrannten Überzeugungen von Leuten, die glauben, wenn etwas nicht teuer sei, nütze es nichts.

29,19

Aber wir verdienen es ja gar nicht besser, solange niemand von uns wissen will, was für unsere Gesundheit und unser Wohlergehen wirklich nötig ist. Wir gehen auf fremden Füßen, sehen mit fremden Augen, brauchen ein fremdes Gedächtnis, wenn wir Leute grüßen:[78] Wir leben auch auf Kosten fremder Mühen; die Dinge der Natur haben für uns ihren Wert verloren, und damit auch die Grundlagen des Lebens. Nichts anderes halten wir mehr für unser Eigentum außer Luxus und Vergnügen.

33,1–6

Metalla nunc ipsaeque opes et rerum pretia dicentur, tellurem intus exquirente cura multiplici modo, quippe alibi divitiis foditur quaerente vita aurum, argentum, electrum, aes, alibi deliciis gemmas et parietum lignorumque pigmenta, alibi temeritati ferrum, auro etiam gratius inter bella caedesque. persequimur omnes eius fibras vivimusque super excavatam, mirantes dehiscere aliquando aut intremescere illam, ceu vero non hoc indignatione sacrae parentis exprimi possit. imus in viscera et in sede manium opes quaerimus, tamquam parum benigna fertilique qua calcatur. et inter haec minimum remediorum gratia scrutamur, quoto enim cuique fodiendi causa medicina est?

Von den Metallen, besonders über das Gold

Nach dem Tier- und Pflanzenreich beschäftigt sich Plinius mit den Bodenschätzen, was man heute Metallurgie und Mineralogie nennen könnte. Buch 33 ist vor allem dem Gold und seiner Gewinnung gewidmet, wobei die Abbaumethoden gleichermaßen als technische Meisterleistungen wie als Raubbau an der Natur dargestellt werden. Die iberische Halbinsel war reich an Edelmetallen, die schon von Phöniziern und Karthagern ausgebeutet worden waren. Plinius war 73 n. Chr. unter Kaiser Vespasian Prokurator in der Provinz Hispania Tarraconensis gewesen und kann die beschriebenen Verfahren selbst gesehen und die Fachausdrücke kennen gelernt haben.

33,1–6

Von den Metallen, den Schätzen der Erde selbst und ihrem Wert soll nun die Rede sein. Der Mensch ist ja auf vielerlei Art bemüht, das Innere der Erde zu durchforschen. Hier nämlich gräbt man des Reichtums wegen, weil die Welt nach Gold, Silber, Elektron[79] und Kupfererz verlangt, dort sucht man für den Luxus Edelsteine und farbigen Zierat für Wände und Möbel. Und wieder anderswo gräbt man für waghalsige Unternehmungen nach Eisenerz, das für Krieg und Mord sogar noch höher geschätzt wird als das Gold. Wir graben uns durch alle Adern der Erde, leben auf ausgehöhltem Erdreich und wundern uns noch, dass sie bisweilen auseinander klafft oder erzittert und bebt. Ist das nicht als Ausdruck des Unwillens der heiligen Mutter Erde zu erklären?[80] Wir dringen in ihre Eingeweide ein und suchen an den Stätten der Unterirdischen nach Schätzen, als ob die Erde nicht dort, wo wir sie mit den Füßen betreten, gütig und fruchtbar genug wäre. Und dabei geht es uns am wenigsten darum, Arzneimittel zu suchen; wie viele sind es schon, die der Heilpflanzen wegen die Erde

quamquam et hoc summa sui parte tribuit ut fruges, larga facilisque in omnibus, quaecumque prosunt. illa nos peremunt, illa nos ad inferos agunt, quae occultavit atque demersit, illa, quae non nascuntur repente, ut mens ad inane evolans reputet, quae deinde futura sit finis omnibus saeculis exhauriendi eam, quo usque penetratura avaritia. quam innocens, quam beata, immo vero etiam delicata esset vita, si nihil aliunde quam supra terras concupisceret, breviterque, nisi quod secum est!

Eruitur aurum et chrysocolla iuxta, ut pretiosior videatur, nomen ex auro custodiens. parum enim erat unam vitae invenisse pestem, nisi in pretio esset auri etiam sanies. quaerebat argentum avaritia; boni consuluit interim invenisse minium rubentisque terrae excogitavit usum. heu prodiga ingenia, quot modis auximus pretia rerum! accessit ars picturae, et aurum argentumque caelando carius fecimus. didicit homo naturam provocare. auxere et artem vitiorum inritamenta; in poculis libidines caelare iuvit ac per obscenitates bibere. abiecta deinde sunt haec ac sordere coepere, ut auri argentique nimium fuit. murrina ex eadem tellure et crystallina effodimus, quibus pretium faceret ipsa fragilitas. hoc argumentum opum, haec vera luxuriae gloria

aufgraben? Und selbst diese bietet die Erde an ihrer Oberfläche wie Früchte dar, reichlich und leicht zu haben wie alles, was sie uns an Nutzen spendet. Nein, nur dafür reiben wir uns auf, das treibt uns hinab bis in die Unterwelt, was sie verborgen und in die Tiefe versenkt hat, nur das wollen wir, was nicht von neuem nachwächst. Der menschliche Geist, der ins Leere hinein spekuliert, sollte einmal Folgendes bedenken: Was wird das für ein Ende nehmen, wenn die Erde nach Jahrhunderten erschöpft und ausgebeutet sein wird? Und bis wohin will er mit seiner Habgier noch vordringen? Wie unschuldig, wie glücklich, ja wie angenehm sogar wäre das Leben, wenn wir Menschen nichts anderes wünschten und begehrten, als was über der Erde ist, also nur das, was sie umgibt.

Aber man wühlt die Erde auf und gräbt nach Gold – und daneben nach dem Goldleim [*chrysókolla*][81], dieser Farbsubstanz, die das Gold im Namen behält, damit sie kostbarer erscheint. Es war ja noch zu wenig, eine Pest für den Menschen entdeckt zu haben, wenn nicht sogar das Abfallprodukt des Goldes noch einen Wert hat. Die Habgier suchte nach Silber; sie ist inzwischen auch zufrieden damit, Zinnober gefunden zu haben, und erfand die Nutzung dieser roten Erde. Wie reich ist die Erfindungsgabe des Menschen – auf wie viele Arten haben wir den Wert der Dinge zu steigern gewusst! Dazu kam noch die Kunst der Malerei, und wir haben Gold und Silber durch getriebene Arbeit noch kostbarer gemacht. Der Mensch hat gelernt, die Natur zum Wettstreit herauszufordern. Auch das Laster bot Anreiz, um die Kunst noch zu steigern. Man fand Gefallen daran, auf Bechern obszöne Szenen darzustellen und aus derart geformten Gefäßen zu trinken. Später kam man wieder davon ab; es begann seinen Reiz zu verlieren, seitdem es allzu viel Gold und Silber gab. Dafür wurde nun aus eben dieser Erde der Stoff für Gefäße aus Glas und Kristall[82] ausgegraben, denen gerade die Zerbrechlichkeit ihren Wert geben sollte. Das galt jetzt als Be-

existimata est, habere quod posset statim perire totum. nec hoc fuit satis. turba gemmarum potamus et zmaragdis teximus calices, ac temulentiae causa tenere Indiam iuvat. aurum iam accessio est.

Utinamque posset e vita in totum abdicari, sacrum fame, ut celeberrimi auctores dixere, proscissum conviciis ab optimis quibusque et ad perniciem vitae repertum.

33,58–63

Praecipuam gratiam huic materiae fuisse arbitror non colore, qui clarior in argento est magisque diei similis, ideo militaribus signis familiarior, quoniam longius fulget, manifesto errore eorum, qui colorem siderum placuisse in auro arbitrantur, cum in gemma aliisque rebus non sit praecipuus. nec pondere aut facilitate materiae praelatum est ceteris metallis, cum cedat per utrumque plumbo, sed quia rerum uni nihil igne deperit, tuto etiam in incendiis rogisque. quin immo quo saepius arsit, proficit ad bonitatem, aurique experimentum ignis est, ut simili colore rubeat ignescatque et ipsum; obrussam vocant. primum autem bonitatis argumentum quam difficillime accendi. praeterea

weis für Reichtum, darin bestand der wahre Ruhm des Luxus: Man besaß etwas, das von einem Moment zum andern nicht mehr existierte. Aber auch das genügte noch nicht. Wir trinken aus aneinandergereihten Edelsteinen und überdecken die Becher mit Smaragden, und wenn wir berauscht sind, dann freuen wir uns, ganz Indien [mit seinen Schätzen] in der Hand zu haben. Das Gold ist dabei nur noch eine Zugabe.

Ach, könnte es doch aus dem Leben ganz und gar verbannt werden, verflucht durch den Hunger [nach ihm][83], wie es die berühmtesten Schriftsteller gesagt haben, mit Tadel überhäuft gerade von den Besten, dieser zum Verderben des Menschengeschlechtes entdeckte Stoff.

33,58–63

Die besondere Vorliebe für dieses Metall rührt, wie ich glaube, nicht von seiner Farbe her, denn das Silber glänzt noch heller und ist dem Tageslicht ähnlicher. Deshalb wird Silber ja auch für militärische Abzeichen öfter verwendet, da sein Glanz weiter strahlt. Offensichtlich im Irrtum befinden sich auch diejenigen, die glauben, die Farbe der Gestirne sei es, die zum Gefallen am Gold führt. Denn beim Edelstein und anderen Dingen genießt dieser farbige Glanz auch kein so außergewöhnliches Ansehen. Das Gold wird auch nicht wegen seines Gewichtes oder seiner leichten Bearbeitung allen übrigen Metallen vorgezogen – in diesen beiden Eigenschaften muss es hinter dem Blei zurückstehen –, sondern weil es als einziger Stoff im Feuer nichts verliert. Es bleibt unversehrt auch bei Bränden und auf dem Scheiterhaufen. Ja, je häufiger es erglüht, desto mehr gewinnt es an Güte. Das Gold wird im Feuer erprobt und muss darin eine ähnlich flammendrote Farbe annehmen und selber glühen: Das nennt man die »Feuerprobe«. Ein erstes Kennzeichen seiner Güte ist aber, dass es nur sehr schwer zum Glühen kommt. Merkwürdig ist außerdem, dass es durch ein noch so heißes Holzkohlen-

mirum, prunae violentissimi ligni indomitum palea citissime ardescere atque, ut purgetur, cum plumbo coqui.

altera causa pretii maior, quod minimum usus deterit, cum argento, aere, plumbo lineae praeducantur manusque sordescant decidua materia. nec aliud laxius dilatatur aut numerosius dividitur, utpote cuius unciae in septingenas quinquagenas pluresque bratteas quaternum utroque digitorum spargantur. crassissimae ex iis Praenestinae vocantur, etiamnum retinente nomen Fortunae inaurato fidelissime ibi simulacro. proxima brattea quaestoria appellatur. Hispania striges vocat auri parvolas massas. super omnia solum in massa aut ramento capitur. cum cetera in metallis reperta igni perficiantur, hoc statim aurum est consummatamque materiam suam protinus habet, cum ita invenitur. haec enim inventio eius naturalis est; alia, quam dicemus, coacta. super cetera non robigo ulla, non aerugo, non aliud ex ipso, quod consumat bonitatem minuatve pondus. iam contra salis et aceti sucos, domitores rerum, constantia superat omnia, superque netur ac texitur lanae modo vel sine lana. tunica aurea triumphasse Tarquinium Priscum Verrius docet; nos vidimus Agrippinam Claudi principis, edente eo navalis proelii spectaculum, adsidentem et indu-

feuer nicht zu bezwingen ist, aber in einem Feuer aus Spreu ganz rasch glühend wird, und dass es zur Läuterung mit Blei verschmolzen wird.

Ein weiterer, noch wichtigerer Grund für seine Wertschätzung besteht darin, dass sich das Gold durch den Gebrauch fast gar nicht abnutzt, während sich mit Silber, Kupfer und Blei Linien ziehen lassen und die Hände durch das Abgeriebene schmutzig werden. Kein Metall lässt sich auch so dünn auswalzen oder mehr zerteilen. So ergibt nämlich eine Unze Gold [30 g] 750 und mehr Goldblättchen von vier Fingern Seitenlänge. Die stärkste Sorte nennt man die praenestinischen, und noch heute haben sie diesen Namen nach dem äußerst sorgsam vergoldeten Standbild der Fortuna dort[84]. Die nächste Stärke des Blattgolds heißt die quästorische. In Spanien nennt man kleine Goldklümpchen *striges*. Diese Art von Gold übertrifft alle anderen, denn sie wird ohne Beimischung in Klumpen oder in Stückchen gewonnen. Während alles andere in den Metallbergwerken gefundene erst im Feuer geläutert wird, ist dieses sogleich reines Gold und hat gleich bei seiner Auffindung seinen vollständigen Gehalt. Diese Gewinnung des Goldes ist die natürliche; die andere, die wir gleich besprechen wollen, ist die künstliche. Außerdem bildet sich auf dem Gold weder Rost noch Grünspan noch sonst etwas anderes, was seine Güte beeinträchtigen oder sein Gewicht mindern könnte. Gold ist auch resistent gegen Lösungen von Salz und Essig, die mit ihrer Schärfe alles angreifen, und übertrifft so durch seine Festigkeit alle übrigen Edelmetalle. Und darüber hinaus lässt es sich auch noch wie Wolle spinnen und weben, und sogar ohne Zusatz von Wolle. Schon der Etruskerkönig Tarquinius Priscus soll, wie Verrius berichtet, seinen Triumph in einer Tunika aus Gold gefeiert haben. Ich selbst habe, als Kaiser Claudius bei seinen Spielen eine Seeschlacht vorführte, seine Gemahlin, Kaiserin Agrippina, neben ihm sitzen sehen, in einem Mantel, der nur aus Goldfäden gewebt war,

tam paludamento aureo textili sine alia materia. Attalicis vero iam pridem intexitur, invento regum Asiae.

33,66–78

Aurum invenitur in nostro orbe, ut omittamus Indicum a formicis aut apud Scythas grypis erutum, tribus modis: fluminum ramentis, ut in Tago Hispaniae, Pado Italiae, Hebro Thraciae, Pactolo Asiae, Gange Indiae, nec ullum absolutius aurum est, ut cursu ipso attrituque perpolitum. alio modo puteorum scrobibus effoditur aut in ruina montium quaeritur; utraque ratio dicatur.

Aurum qui quaerunt, ante omnia segutilum tollunt; ita vocatur indicium. alveus hic est harenae, quae lavatur, atque ex eo, quod resedit, coniectura capitur. invenitur aliquando in summa tellure protinus rara felicitate, ut nuper in Delmatia principatu Neronis singulis diebus etiam quinquagenas libras fundens. cum ita inventum est in summo caespite, talutium vocant, si et aurosa tellus subest. cetero montes Hispaniarum, aridi sterilesque et in quibus nihil aliud gignatur, huic bono fertiles esse coguntur.

Quod puteis foditur, canalicium vocant, alii canaliense, marmoris glareae inhaerens, non illo modo, quo in oriente sappiro atque Thebaico aliisque in gemmis scintillat, sed micas amplexum marmoris. vagantur hi venarum canales

ohne irgendeinen anderen Stoff. In die attalischen[85] Stoffe wird Gold schon lange eingewoben, eine Erfindung der Könige Kleinasiens.

33,66–78

Was das Gold auf unserem Erdkreis betrifft – wobei wir einmal absehen wollen vom indischen Gold, das von Ameisen, oder von dem bei den Skythen, das von Greifen ausgescharrt wird[86] –, so wird es auf dreierlei Weise gefunden. Zunächst [als Goldkörner] im Kies von Flussbetten, wie im Tagus[87] in Spanien, im Padus in Italien, im Hebros in Thrakien, im Paktolos in Kleinasien und im Ganges in Indien. Kein anderes Gold ist reiner, denn es wird durch die Strömung selbst und die Reibung abgeschliffen. Auf andere Art gräbt man es aus Schächten, oder man sucht es in eingestürzten Bergen; diese beiden Verfahren sollen hier beschrieben werden.

Wer [an der Erdoberfläche] nach Gold sucht, hebt zuerst das *segutilum* ab; so wird die Erde genannt, die als Kennzeichen [für ein Goldvorkommen] gilt. Das ergibt eine Mulde im Sand, die man auswäscht, und aus dem, was sich absetzt, kann man auf ein Vorkommen schließen. Manchmal findet man Gold gleich an der obersten Erdschicht: Das ist aber ein seltener Glücksfall, wie kürzlich zur Zeit Kaiser Neros in Dalmatien, wo man sogar an einzelnen Tagen auf eine Ausbeute von 50 Pfund kam. Wird es so in der obersten Erdschicht gefunden, nennt man es *talutium*, wenn sich darunter auch goldhaltige Erde befindet. Die Berge der spanischen Provinzen, die trocken und unfruchtbar sind und nichts anderes hervorbringen, zwingt man, an diesen Schätzen fruchtbar zu sein.

Das Gold, das man durch Graben von Schächten gewinnt, heißt Minengold[88]; es hängt an dem Marmorkies, aber funkelt nicht so, wie es im Orient beim Lasurstein oder dem thebaischen Stein und bei anderen Edelsteinen ist, vielmehr schimmert es aus der Marmorumfassung her-

per latera puteorum et huc illuc, inde nomine invento, tellusque ligneis columnis suspenditur. quod effossum est, tunditur, lavatur, uritur, molitur. farinam apitascudem vocant; argentum, quod exit a fornace, sudorem. quae e camino iactatur spurcitia in omni metallo scoria appellatur. haec in auro tunditur iterumque coquitur. catini fiunt ex tasconio; hoc est terra alba similis argillae, neque enim alia flatum ignemque et ardentem materiam tolerat.

Tertia ratio opera vicerit Gigantum. cuniculis per magna spatia actis cavantur montes lucernarum ad lumina; eadem mensura vigiliarum est, multisque mensibus non cernitur dies. arrugias id genus vocant. siduntque rimae subito et opprimunt operatos, ut iam minus temerarium videatur e profundo maris petere margaritas atque purpuras. tanto nocentiores fecimus terras! relinquuntur itaque fornices crebri montibus sustinendis.

occursant in utroque genere silices; hos igne et aceto rumpunt, saepius vero, quoniam id cuniculos vapore et fumo strangulat, caedunt fractariis CL libras ferri habentibus egeruntque umeris noctibus ac diebus per tenebras proximis tradentes; lucem novissimi cernunt. si longior vi-

vor. Es zieht sich in Gängen an den Wänden der Schächte entlang, bald hierhin, bald dorthin, woher auch der Name kommt, nämlich Adern. Die Gänge stützt man ab durch hölzerne Balken. Das Ausgegrabene wird zerstoßen, gewaschen, geschmolzen und zermahlen. Der zermahlene Staub heißt *apitascudes*, das Silber, das aus dem Ofen kommt, Schweiß. Die verunreinigte Masse, die aus dem Schmelzofen kommt, heißt bei jedem Metall Schlacke. Beim Gold wird diese zerstoßen und noch einmal geschmolzen. Die Schmelztiegel werden aus *tasconium* hergestellt, das ist eine weiße Erde, ähnlich wie Ton. Keine andere hält nämlich das Gebläse, das Feuer und die glühend heiße Schmelzmasse aus.

Das dritte Verfahren zur Goldgewinnung übertrifft wohl noch die Werke der Giganten[89]. Zuerst werden Stollen[90] über weite Strecken in den Berg hineingetrieben, dann werden die Berge beim Schein von Lampen ausgehöhlt. Nach der Brennzeit der Lampen werden die Arbeitsschichten festgesetzt: Die Arbeiter kommen viele Monate lang nicht ans Tageslicht. Man nennt diese Art von Stollen *arrugiae*. Sie bekommen oft Risse, senken sich und stürzen plötzlich ein und verschütten die Arbeiter. Daher erscheint es schon als ein geringeres Wagnis, aus der Tiefe des Meeres Perlen und Purpurschnecken heraufzuholen. Wir haben die Erde noch so viel gefährlicher [als die Meerestiefe] gemacht! Man lässt daher zur Sicherheit häufig Gewölbe stehen, um die Berge zu stützen.

Bei beiden Verfahren trifft man auf hartes Kiesgestein, das durch Feuer und Essig zersprengt wird.[91] Da aber der dabei entstehende Dampf und Rauch oft zum Ersticken führt, zerschlagen die Arbeiter das Gestein lieber mit Sprenghämmern, die mit 150 Pfund Eisen ausgerüstet sind, und schaffen die Felsbrocken heraus. Dabei bilden sie, mit den Steinen auf den Schultern, Tag und Nacht eine Kette, indem einer die Last in der Finsternis jeweils dem Nächsten weiterreicht; nur die Letzten erblicken dabei das

detur silex, latus sequitur fossor ambitque. et tamen in silice facilior existimatur opera; est namque terra ex quodam argillae genere glarea mixta – gangadiam vocant – prope inexpugnabilis. cuneis eam ferreis adgrediuntur et isdem malleis nihilque durius putant, nisi quod inter omnia auri fames durissima est.

peracto opere cervices fornicum ab ultimo caedunt. dat signum ruinae rima, eamque solus intellegit in cacumine eius montis vigil. hic voce, nutu evocari iubet operas pariterque ipse devolat. mons fractus cadit ab sese longe fragore qui concipi humana mente non possit, aeque et flatu incredibili. spectant victores ruinam naturae. nec tamen adhuc aurum est nec sciere esse, cum foderent; tantaque ad pericula et inpendia satis causae fuit sperare quod cuperent.

alius par labor ac vel maioris inpendii: flumina ad lavandam hanc ruinam iugis montium obiter duxere a centesimo plerumque lapide; corrugos vocant, a conrivatione credo. mille et hic labores: praeceps esse libramentum oportet, ut ruat verius quam fluat; itaque altissimis partibus ducitur. convalles et intervalla substructis canalibus iunguntur. alibi

Tageslicht. Wenn sich der Fels dem Anschein nach zu weit erstreckt, gräbt man einen Seitenstollen und umgeht ihn so. Dabei hält man die Arbeit an diesem Felsgestein noch für einigermaßen leicht; es gibt nämlich eine Art von Mergel, von weißer Tonerde, mit Kies gemischt – *gangadia* nennt man sie –, die als beinahe undurchdringlich gilt. Man geht mit eisernen Keilen und mit den schweren Sprenghämmern heran und hält sie für das Härteste, was es gibt. Wenn nicht das Hartnäckigste von allem überhaupt der Hunger nach Gold ist.

Nach beendeter Arbeit schlägt man die Stützbogen weg, beginnend beim hintersten. Es ist das erste Zeichen des bevorstehenden Einsturzes, wenn sich ein Riss bildet. Dies bemerkt als Einziger der Wächter, der auf der Spitze des Berges Posten bezogen hat. Er ruft und winkt den Arbeitern zu, dass sie herauskommen, und eilt selbst zugleich vom Berg herab. Der eingestürzte Berg fällt weithin auseinander, und zwar mit einem lang anhaltenden Krachen und Tosen, das man mit menschlichen Sinnen gar nicht ertragen kann, zugleich auch mit einem unglaublich heftigen Windstoß. Als Sieger blicken die Bergleute auf den Zusammenbruch der Natur.[92] Und dabei hat man bis jetzt noch gar kein Gold gefunden und wusste auch während des Grabens nicht, ob überhaupt welches vorhanden sein würde. Für so viel Gefahren und Kosten genügte allein die Hoffnung, das zu finden, was man begehrte.

Nun steht noch eine andere Arbeit bevor, gleich schwer, und sogar mit noch größerem Aufwand verbunden. Zum Auswaschen dieser Bergruine hat man Flüsse oft 100 Meilen weit über Bergrücken hergeleitet. Man nennt sie Wasserstollen, vom Zusammenführen mehrerer Wasserläufe, glaube ich. Auch hierbei gibt es tausenderlei Arbeiten: Das Gefälle muss sehr stark sein, denn das Wasser soll mehr herabstürzen als fließen, deshalb bringt man es auch von möglichst hoch gelegenen Stellen her. Niederungen und Talhänge werden mit Kanalröhren überbrückt. An ande-

rupes inviae caeduntur sedemque trabibus cavatis praebere coguntur. qui caedit, funibus pendet, ut procul intuenti species ne ferarum quidem, sed alitum fiat. pendentes maiore ex parte librant et lineas itineri praeducunt, quaque insistentis vestigiis hominis locus non est, amnes trahuntur ab homine.

vitium lavandi est, si fluens amnis lutum inportet; id genus terrae urium vocant. ergo per silices calculosve ducunt et urium evitant. ad capita deiectus in superciliis montium piscinae cavantur ducenos pedes in quasque partes et in altitudinem denos. emissaria in iis quina pedum quadratorum ternum fere relinquuntur, ut repleto stagno excussis opturamentis erumpat torrens tanta vi, ut saxa provolvat.

alius etiamnum in plano labor. fossae, per quas profluat, cavantur – agogas vocant –; hae sternuntur gradatim ulice. frutex est roris marini similis, asper aurumque retinens. latera cluduntur tabulis, ac per praerupta suspenduntur canales. ita profluens terra in mare labitur ruptusque mons diluitur, ac longe terras in mare his de causis iam promovit Hispania. in priore genere quae exhauriuntur inmenso labore, ne occupent puteos, in hoc rigantur. aurum arrugia quaesitum non coquitur, sed statim suum est. inveniuntur

ren Stellen werden Felsen, die im Wege stehen, durchgehauen und müssen als Unterlager für die Wasserrohre dienen. Der Arbeiter, der den Felsen behaut, hängt an Seilen, so dass er von ferne nicht einmal wie ein Wildtier, sondern wie ein Vogel aussieht. Größtenteils im Hängen berechnen die Arbeiter mit der Wasserwaage das Gefälle und geben die Richtung vor. Wo der Mensch keinen Platz hat, um seinen Fuß hinzusetzen, da werden vom Menschen Ströme hingeführt.

Ein Nachteil beim Auswaschen ist es, wenn der Fluss in seinem Lauf Schlamm mitführt. Diese Art von Erde nennt man *urium*. Daher leitet man das Wasser über Kiesel und kleine Steinchen und meidet so das *urium*. Oben an den Bergen, wo das Wasser herabfließt, werden große Staubecken ausgehoben, 200 Fuß jeweils lang und 10 Fuß tief, versehen mit fünf Abzugskanälen von etwa drei Fuß im Quadrat. Hat sich das Becken gefüllt, werden die Zapfen herausgestoßen, und daraufhin strömt das Wasser mit solch reißender Kraft heraus, dass es die Gesteinsbrocken mit sich fortwälzt.

Nun bleibt noch etwas zu tun, und zwar in der Ebene. Die Gräben werden ausgehoben, in denen das Wasser abfließen soll – man nennt sie *agogae* –, und diese werden an der Sohle schichtweise mit Heidekraut[93] ausgekleidet, einer dem Rosmarin ähnlichen Pflanze, die mit ihrem rauen Strauchwerk das Gold zurückhält. Die Seitenwände der Gräben werden mit Brettern abgeschlossen, und über steiles und abschüssiges Gelände werden sie abgestützt. So gleitet die fortgeschwemmte Erde ins Meer, und der eingestürzte Berg wird aufgelöst. Spanien hat auf diese Weise schon ganze Landstriche weit ins Meer hinausgeschoben.

Was beim ersten Verfahren mit ungeheurer Mühe herausgeschafft wird, damit es die Schächte nicht zufüllt, wird hier einfach herausgeschwemmt. Das aus einer *arrugia* gewonnene Gold wird nicht geschmolzen, es ist sogleich rein. Man findet dabei, wie auch in den Schächten, Klum-

ita massae, nec non in puteis, et denas excedentes libras; palagas, alii palacurnas, idem quod minutum est balucem vocant. ulex siccatur, uritur, et cinis eius lavatur substrato caespite herboso, ut sidat aurum.

vicena milia pondo ad hunc modum annis singulis Asturiam atque Callaeciam et Lusitaniam praestare quidam prodiderunt, ita ut plurimum Asturia gignat. neque in alia terrarum parte tot saeculis perseverat haec fertilitas. Italiae parci vetere interdicto patrum diximus; alioqui nulla fecundior metallorum quoque erat tellus. extat lex censoria Victumularum aurifodinae in Vercellensi agro, qua cavebatur, ne plus quinque milia hominum in opere publicani haberent.

34,138–141

Proxime indicari debent metalla ferri. optumo pessimoque vitae instrumento est, siquidem hoc tellurem scindimus, arbores serimus, arbusta tondemus, vites squalore deciso annis omnibus cogimus iuvenescere, hoc exstruimus tecta, caedimus saxa, omnesque ad alios usus ferro utimur, sed eodem ad bella, caedes, latrocinia, non comminus solum, sed etiam missili volucrique, nunc tormentis excusso, nunc lacertis, nunc vero pinnato, quam sceleratissimam humani ingenii fraudem arbitror, siquidem, ut ocius mors perveni-

pen von Gold, die mitunter mehr als zehn Pfund schwer sind. Man nennt sie *palagae* oder auch *palacurnae* [Goldklumpen], die kleineren Stücke heißen *baluces* [Goldkörner]. Das Heidekraut wird getrocknet, verbrannt, und wenn man die Asche dann auswäscht, legt man ein ausgestochenes dichtes Rasenstück unter, damit sich das Gold absetzt.

20 000 Pfund jährlich liefern auf diese Weise Asturien, Galicien und Lusitanien, wie einige Gewährsleute berichten, wobei die größte Menge aus Asturien stammt. In keinem anderen Teil der Welt hält die Ergiebigkeit schon so viele Jahrhunderte lang an. In Italien darf, wie ich schon erwähnte [3,138[94]], aufgrund eines alten Verbots des Senats nicht nach Gold geschürft werden. Sonst wäre wohl kein Land auch an Metallen ergiebiger. Es existiert ein zensorisches Gesetz für die Goldgruben von Victumulae im Gebiet von Vercellae, in dem vorsorglich bestimmt wird, dass die Pächter nicht mehr als 5000 Menschen beschäftigen sollten.

34,138–141

Als Nächstes muss vom Eisen die Rede sein. Es ist zugleich das beste und das schlimmste Werkzeug und Hilfsmittel im menschlichen Leben. Mit ihm spalten wir ja das Erdreich, pflanzen Bäume, beschneiden unsere Baumpflanzungen, und indem wir die wilden Triebe abschneiden, bringen wir die Weinstöcke dazu, sich Jahr für Jahr zu verjüngen. Mit dem Eisen bauen wir Häuser, behauen Steine – es dient uns zu allem möglichen Gebrauch, aber ebenso auch zu Krieg, Mord, Raub, und das nicht nur im Kampf Mann gegen Mann – nein, auch im Wurf und im Flug, indem wir es bald mit Wurfmaschinen schleudern, bald mit den Armen, bald sogar befiedert abschießen, und das halte ich für die allergrößte verbrecherische Hinterlist, die sich der menschliche Geist ausgedacht hat. Denn damit der Tod schneller zu einem anderen Menschen gelangt, haben wir

ret ad hominem, alitem illam fecimus pinnasque ferro dedimus. quam ob rem culpa eius non naturae fiat accepta. aliquot experimentis probatum est posse innocens esse ferrum. in foedere, quod expulsis regibus populo Romano dedit Porsina, nominatim comprehensum invenimus, ne ferro nisi in agri cultu uteretur. et tum stilo osseo scribere institutum vetustissimi auctores prodiderunt. Magni Pompei in tertio consulatu extat edictum in tumultu necis Clodianae prohibentis ullum telum esse in urbe.

et ars antiqua ipsa non defuit honorem mitiorem habere ferro quoque. [...] Est et ferreus Hercules, quem fecit Alcon laborum dei patientia inductus. videmus et Romae scyphos e ferro dicatos in templo Martis Ultoris.

obstitit eadem naturae benignitas exigentis ab ferro ipso poenas robigine eademque providentia nihil in rebus mortalius facientis quam quod esset infestissimum mortalitati.

ihn beflügelt und dem Eisen Federn gegeben. Die Schuld daran dürfen wir nicht auf die Natur schieben. Es gibt ja Beispiele, die zeigen, dass das Eisen an sich ein unschuldiges Metall sein kann. In dem Vertrag, den Porsenna[95] nach der Vertreibung der Könige mit dem römischen Volk schloss, finden wir ausdrücklich aufgeführt, dass Eisen nur zum Ackerbau gebraucht werden sollte. Von damals an wurde es sogar üblich, wie die ältesten Autoren überlieferten, mit einem beinernen Griffel [statt mit einem eisernen] zu schreiben. Von Pompeius dem Großen gibt es aus seinem dritten Konsulat noch ein Edikt, das anlässlich der schweren Unruhen nach der Ermordung des Clodius erlassen worden war, niemand dürfe innerhalb der Stadt eine Waffe bei sich tragen.

Aber die Kunst in alten Zeiten hat es nicht unterlassen, dem Eisen auch einen sanfteren Wert zu geben. [...] Es gibt [in Rhodos] auch einen Herakles aus Eisen, den der Künstler Alkon anfertigte, durch die eherne Ausdauer des Gottes bei seinen mühevollen Arbeiten dazu angeregt. Wir sehen auch in Rom Becher aus Eisen als Weihegaben im Tempel des Mars Ultor.

Die Natur in ihrer gleichbleibenden Güte hat hier Halt geboten, indem sie das Eisen selbst zur Strafe dem Rost unterwarf, und in ihrer Vorsorglichkeit hat sie damit das gerade, was den Sterblichen so gefährlich ist, auch ebenso sterblich gemacht.

Preis der Natur

So wie Plinius immer wieder die Natur als reiche Gabenspenderin hervorhebt, schließt er auch sein Werk mit einem Gruß und Gebet an sie: Salve, parens rerum omnium Natura, teque nobis Quiritium solis celebratam esse numeris omnibus tuis fave. *(37,205) – »Sei mir gegrüßt, Natur, du Mutter aller Dinge, und nimm es mit Wohlwollen auf, dass von allen Bürgern Roms*[96] *ich allein dich in all deinen Teilen verherrlicht habe.«*

Anmerkungen

1 M. Terentius Varro (116–27 v. Chr.), der große Universalgelehrte Roms, dessen enzyklopädische Werke größtenteils verloren sind, bildet eine Hauptquelle für Plinius. – *musinamur* ›über etwas brüten‹: hier soll man die Verbindung mit der geistigen Tätigkeit als einer »musischen« Beschäftigung mithören.

2 Ein Vorwurf gegen die Griechen, bei denen es neben respektablen Forschern auch unseriöse gab, vgl. 2,248, wo Plinius einen solchen erwähnt als *exemplum vanitatis graecae maximum*, ein eklatantes Beispiel für griechische Leichtfertigkeit, vgl. auch 37,31. – Unzählige Welten nahmen die Begründer der Atomtheorie an, Leukipp und Demokrit.

3 Die Pythagoreer übertrugen die Gesetze der musikalischen Harmonie auf die Bewegungen der Planeten, die sog. Sphärenharmonie, vgl. 2,84.

4 Die Lehre von den vier Elementen wurde von dem Naturphilosophen Empedokles von Akragas (um 500–430 v. Chr.) aufgestellt.

5 Während die Achsendrehung der kugelgestaltigen Erde schon früher bekannt war, lehrte erst Aristarch von Samos (um 310–230 v. Chr.), dass sich die Erde um die Sonne dreht. Seine heliozentrische Lehre konnte sich aber in der Antike nicht durchsetzen.

6 Saturn, Jupiter, Mars, Sonne, Venus, Merkur und Mond.

7 *Ilias* 3,277: Helios, der Sonnengott, sieht und hört alles; er wird daher auch als Eideszeuge angerufen.

8 Plinius erinnert an den Naturphilosophen Xenophanes, der ein geistiges Prinzip als Gott annahm und die anthropomorphen Vorstellungen von den Göttern kritisierte, besonders auch, dass man ihnen alle möglichen menschlichen Eigenschaften und Laster zuschrieb. Vgl. *Die Vorsokratiker*, übers. und erl. von J. Mansfeld, 2 Bde., Stuttgart 1983/86 (Reclams UB 7965/66), im Folgenden zit. als VS, hier VS I, Kap. 3: Xenophanes 25, 28, 29, 34–37.

9 Demokrit von Abdera (um 460–370 v. Chr.), einer der Vorsokratiker, der die Atomlehre des Leukipp weiterentwickelte. Er soll von *eidola* gesprochen haben, Geist-Emanationen, die sich dem Menschen näherten und von denen die einen Gutes, die anderen Böses bewirkten. Vgl. VS II, Kap. 9: Demokrit 109.

10 Die Göttin des Verwaistseins wurde von Eltern angerufen, die ihre Kinder verloren hatten (oft durch das Fieber, d. h. Infektionskrankheiten aller Art) und die um neuen Nachwuchs beteten. Die Laren waren die Schutzgötter des Hauses. Die Stelle findet sich auch mit kritischer Ablehnung bei Cicero, *de nat. deor.* 3,63. – Juno hieß der Schutzgeist des weiblichen, Genius der des männlichen Geschlechts, ein Prinzip der Fruchtbarkeit und Lebenskraft.

11 Wie die Ägypter z. B. das Krokodil. – Aus der Ehe des Zeus mit Hera waren nur Ares, Hephaistos und Hebe hervorgegangen. Alt und immer Greis war z. B. Proteus, der Meergreis, vgl. Homer, *Od.* 4,364 ff. Jünglinge und Knaben: z. B. Ganymed, der Mundschenk des Zeus. Schwarz: Memnon, König der Äthiopen, Sohn der Eos. Geflügelt: Eros. Lahm: Hephaistos. Aus einem Ei gekommen: Helena. Abwechselnd tot und lebendig: ihre Brüder, die Dioskuren, Kastor und Polydeikes. Vgl. auch Cic. *de nat. deor.* 1,83 f.; 42.

12 Der sog. Euhemerismus, nach Euhemeros von Messene (um 340–270 v. Chr.), der in seinem utopischen Reiseroman erzählt, Könige als Wohltäter der Menschheit seien für ihre Verdienste zu Göttern erklärt worden (wie im hellenistischen Herrscherkult). Als allgemeine rationalistische Mythendeutung angewandt bei Palaiphatos, vgl. *Die Wahrheit über die griechischen Mythen. Palaiphatos' »Unglaubliche Geschichten«*, griech./dt., hrsg. von K. Brodersen, Stuttgart 2002 (Reclams UB 18200). – Durch Ennius und Cicero vermittelt, fand diese aufklärerische Ansicht auch in Rom Verbreitung, wo verdienstvolle Persönlichkeiten seit jeher besonderer Ehren gewürdigt worden waren. Vgl. Cic. *Tusc.* 1,27 ff.; zum Folgenden *de nat. deor.* 1,51 ff.

13 Die Stoiker glaubten an die Pronoia, ein göttliches Prinzip der Planung und Vorsorge, vgl. Senecas Schrift *De Providentia*, während die Epikureer annahmen, die Götter lebten in den Intermundien, himmlischen Räumen im Weltall, und kümmerten sich nicht um die Angelegenheiten der Menschen.

14 Zur Zeit des Plinius breiteten sich die Einflüsse aus dem Orient immer mehr aus. Orientalische Kulte, wie der der Isis, hatten viele Anhänger, dazu gehörte auch die Verehrung der Fortuna/Tyche samt dem Glauben an Sterndeuterei und Horoskope, an Amulette in Form von Ringen mit Götterbildern, was Plinius als unrömischen Aberglauben kritisch beurteilt. –

Bei den Speisen denkt er an die Juden. – Das Beispiel des Augustus bezeugt altrömischen Volksaberglauben.

15 Der Schwörende hielt den sog. Jupiterstein in Form eines Donnerkeils in der Hand, als Symbol Jupiters, des Hüters der Eide.

16 D. h. zuerst den linken statt des rechten Schuhs; vgl. Sueton *Aug*. 92.

17 Vgl. Plutarchs Schrift *Von der späten Strafe der Gottheit* (*de ser. vind.*).

18 Vgl. den Hymnus an die Allmutter Erde, *Hymn. Hom.* 30, Lukrez' Anrufung der lebensspendenden Venus *rer. nat.* 1,1 ff. und den Schlusssatz von Plinius' Werk, 37,205, hier S. 148.

19 In Buch 18, das vom Ackerbau handelt, wird dieser Gedanke von der Erde als Spenderin reicher Gaben wieder aufgenommen und auf die Haltung des Menschen bezogen.

20 Vielleicht denkt Plinius an die Gräuel beim Sieg Sullas im römischen Bürgerkrieg (82–79 v. Chr.), als die Gemordeten unbestattet dalagen und sich die Flüsse mit Leichen füllten.

21 Ichneumone kämpfen gegen Schlangen, und einige Tiere suchen sich Kräuter und andere Heilmittel gegen Schlangenbisse, Verletzungen und Krankheiten.

22 Plinius sagt auch im Vorwort, dass es ihm mit seinem Werk darum geht, den Menschen zu nützen (1,16).

23 Plinius spricht über die Bahnen des Mondes. Sie seien von Endymion entdeckt worden, den die Volkssage aber zum Liebhaber der Mondgöttin gemacht habe.

24 Zu den verschiedenen Kulturentstehungsmodellen, der Aszendenz- und Deszendenztheorie vgl. G. Vögler (2000), S. 242 f.

25 Der Mensch als biologisches Mängelwesen: vgl. Platon, *Prot.* 321c; Lukrez *de rer. nat.* 5,218–227; Cicero *de nat. deor.* 2,121; Seneca, *cons. ad Marc.* 11,3. – Zur ambivalenten Veranlagung: vgl. das Chorlied Soph. *Ant.* 332–375: »Ungeheuer ist viel und nichts / Ungeheurer als der Mensch …«

26 Nur der persische Weise Zoroaster (Zarathustra) habe gleich bei seiner Geburt gelacht, sagt Plinius (B. 7,72). – Das Kind, dessen Geburt Vergil in der 4. Ekloge prophezeit, beweist seine Verbundenheit mit den Göttern, indem es schon nach der Geburt die Mutter anlächelt (*Ekl.* 4,60 ff.).

27 Säuglinge wurden sogleich am ganzen Körper in Binden gewickelt, da man glaubte, die Glieder würden sich sonst nicht

gerade und gleichmäßig ausbilden, vgl. Plutarch, *Kindererziehung (de lib. ed.)* 4.

28 Die Fontanelle, eine Lücke zwischen den Schädelknochen, die sich erst allmählich schließt.

29 Vgl. z. B. Sophokles *Oed. Col.* 1224 ff.

30 Vgl. *homo homini lupus* – »Der Mensch ist dem Menschen ein Wolf«: von Plautus, *Asin.* 2,4,88, sprichwörtlich gebraucht.

31 Wohl ein Missverständnis; Demokrit bezog sich auf Scheintote, im Koma Liegende, vgl. VS II, Kap. 9: Demokrit 13. – Ebenso wie der Epikureer Lukrez lehnt Plinius eine Existenzweise nach dem Tod radikal ab, da diese Vorstellung dem Menschen nur Sorge und Unruhe bereite, vgl. Lukrez, *de rer. nat.*, bes. Buch 3.

32 Namen von unbekannten (wie dieser) oder weniger bekannten Gewährsleuten werden im Folgenden nicht in Anmerkungen genannt. – Pompeius hielt seinen Triumph i. J. 79 v. Chr. nach seinen Kämpfen in Afrika ab. – Germanicus: Sohn des Drusus, des Stiefsohns des Augustus, von Tiberius adoptiert, unternahm Feldzüge in Germanien, hielt 6 v. Chr. die genannten Spiele zu Ehren seines verstorbenen Vaters ab.

33 Juba II., der gelehrte König von Mauretanien, geb. um 50 v. Chr., schrieb u. a. ein Werk *Über Afrika*; er ist der Gewährsmann für Plinius' Elefanten- und Löwengeschichten. – Elefantenzähne als Tributabgaben bei Herodot 3,97.

34 Antiochos III., König des Seleukidenreiches, 192 v. Chr. mit Hannibal im Krieg gegen Rom. – M. Porcius Cato Censorius, Cato der Ältere (234–149 v. Chr.), wichtiger Gewährsmann des Plinius, nannte in seinem Geschichtswerk *Origines* keine Namen, weil er die Feldherrn nicht als Träger persönlichen Ruhmes, sondern im Dienste der *res publica* darstellen wollte.

35 Aus der heutigen Zirkusarbeit ist bekannt, dass Elefanten ihre Rangordnung kennen und Zurückstufungen ungern hinnehmen.

36 Aristophanes von Byzanz, um 257–180 v. Chr., Leiter der Bibliothek von Alexandria.

37 Bocchus I. von Mauretanien, um 110–80 v. Chr. – Ob nicht im Text ursprünglich von 30 Menschen als Opfer der Elefanten die Rede war, wie dies bei Zirkusspielen geschah?

38 Im Jahr 55 v. Chr. Die siegreiche Venus: Als Mutter des Aeneas

war Venus die Stammmutter der Römer. – Gätuler: Berberstamm in Nordafrika.

39 Im Bürgerkrieg wurde Pompeius 48 v. Chr. in der Entscheidungsschlacht von Pharsalos von Caesar besiegt und kurz darauf in Ägypten ermordet. – Als Zuschauer bei diesen Spielen empfand auch Cicero Mitgefühl mit den Elefanten, die »irgendwie etwas Menschenähnliches an sich hätten«, vgl. *Ad fam.* 7,1,3; vgl. Giebel (2003), S. 91 f.

40 Traube: die traubenförmig aneinanderhängenden Eier des Tintenfischs; Schwert: Schwertfisch; Säge: Sägefisch. Gurke: Seegurke oder Seewalze; Pferdeköpfe: Seepferdchen.

41 Joch (*iugerum*) als Längenmaß: 100 röm. Fuß, Wale also etwa 100 m. Elle: 45–50 cm, Sägefische also etwa 88 m, Langusten etwa 2 m; röm. Fuß: etwa. 30 cm, Aale also etwa 9 m. Die Maße sind stark übertrieben. Wale, wie der Pottwal (§ 8), werden bis zu 24 m lang. Vgl. H. Leitner (1972) S. 53 und die Erläuterungen in der Tusculum-Ausgabe Bd. 9, S. 143 f.

42 Von der Begegnung mit Walen im Persischen Golf berichtet Arrian, *Ind.* 30, nach dem Logbuchbericht von Alexanders Admiral Nearchos. Dieser teilte auch mit, dass die an der Küste wohnenden Gedrosier (heutiges Belutschistan/Westpakistan) Walknochen beim Bau von Häusern verwendeten, was bis heute bezeugt ist.

43 Cadara ist möglicherweise das heutige Katar, die östliche wüstenhafte Halbinsel Arabiens im Persischen Golf und das gleichnamige arabische Emirat. Vgl. 9,106 und Anm. 63. – Ptolemaios II. Philadelphos, 308–246 v. Chr., eroberte Teile von Arabien.

44 Die Seekühe. – *Pristis:* der Sägefisch, ein mit den Haien verwandter Rochen, 4–5 m lang, der Schnauzenknorpel ist lang ausgezogen und mit Zähnen besetzt. – Gades: Cadiz. – Unter den Rädern und dem »Baum« sind wohl Quallen- oder Tintenfischarten zu verstehen, wie Riesenkalamare (*Architeuthis dux*), die bis zu 11 m lang werden.

45 Das heutige Lissabon. Triton, Meergott mit menschlichem Oberkörper und Fischleib, der auf einer Muscheltrompete bläst. – Nereiden, Töchter des Meergottes Nereus, Wasserwesen, wie sie zum Sagengut bis in die Neuzeit gehören. Ihr »Gesang« bezieht sich wohl, wie bei den Sirenen, auf die Töne, die durch Wind und Wellen an den zerklüfteten Uferfelsen entstehen.

46 Provinz Galliens mit der Hauptstadt Lugdunum (Lyon). – Santonen: keltischer Volksstamm im südwestlichen Gallien, Provinz Aquitanien. – Die Tiere mit den weißen Flecken waren Schwertwale, die im Folgenden genannten Orken. Elefanten: wohl ein bis zu 9 m langer Tintenfisch mit riesigen Ohren und einem langen Saugrüssel. – Das gestrandete Seetier scheint ein Wal gewesen zu sein.

47 Marcus Scaurus veranstaltete 58 v. Chr. in Rom aufwändige Spiele. – Joppe: das heutige Jaffa. – Die äthiopische Königstochter Andromeda wurde an einen Felsen gefesselt einem Meeresungeheuer ausgesetzt, da Poseidon den Hochmut ihrer Mutter Kassiopeia strafen wollte. Sie hatte sich gerühmt, schöner zu sein als die Nereiden (vgl. Anm. 45). Der Heros Perseus tötete das Ungeheuer und befreite die Königstochter. Die Sage stand vielleicht in Verbindung mit einem Fund riesiger Knochen eines Pottwals. – 40 Fuß: über 11 m; anderthalb Fuß: etwa 45 cm.

48 Der Schwertwal, Orka, wird gewöhnlich 5–6 m, aber auch bis zu 9 m lang und wurde in der Neuzeit vielfach Mörderwal (killer whale) genannt. Er entspricht Plinius' Angaben von einem raubgierigen, mörderischen Tier, das weitaus mehr Beutetiere, wie Wale, Robben und Seehunde, zerfleischt, als es fressen kann.

49 Kratersee am westlichen Teil des Golfs von Neapel, durch einen Damm vom Meer getrennt, Baiae, der beliebte Villenort, Puteoli, die Hafenstadt. C. Cilnius Maecenas (70–8 v. Chr.), Freund und Förderer der Dichter wie Horaz und Vergil, Mitarbeiter des Augustus, von seinen Werken sind nur Fragmente erhalten. Die Delfingeschichte stand vielleicht in seinem Geschichtswerk, das ganz verloren ist.

50 Stadt an der nordafrikanischen Küste, in Numidien. Auch Plinius der Jüngere erzählt diese Delfingeschichte (*epist.* 9,33) als eine verbürgte Begebenheit. Der Beamte habe den Delfin aus törichtem Aberglauben heraus mit der Salbe übergossen. Die vielen Magistratspersonen, die, um das Wundertier zu sehen, in die Stadt kamen und auf Gemeindekosten verpflegt werden mussten, bedrückten den Stadtsäckel offenbar so sehr, dass man sich der Touristenattraktion entledigte.

51 Hafenstadt in Karien, am Südwestrand von Kleinasien. – Theophrast (372–287 v. Chr.), Schüler und Nachfolger des

Aristoteles, bedeutend auch als Naturwissenschaftler, verfasste Lehrbücher über Tier- und Pflanzenkunde. – Naupaktos, das spätere Lepanto, heute Nafpaktos, am Golf von Korinth. – Amphilochia, Landschaft am Golf von Ambrakia, Nordwestgriechenland. – Tarent, die Hafenstadt in Unteritalien, die einen Knaben, Taras, als Delfinreiter auf ihre Münzen geprägt hatte.

52 Die berühmteste Delfingeschichte, bei Herodot 1,23, Plut. *Mor.* 160 ff. (*Gastmahl der Sieben Weisen*), Gellius 16,19; Ovid, *Fasten* 2,83–118: Der Delfin wird als Sternbild an den Himmel versetzt. – Tainaron, Kap Tenaro, Südspitze der Halbinsel Mani, einer der »Finger« der Peloponnes.

53 Die Provence mit der Hauptstadt Narbo (Narbonne); Nemausus, Nimes. – Die Meeräsche (*mugil*) war ein so beliebter Speisefisch, dass sie auch in Fischbassins gezüchtet wurde.

54 Er nährt sich in der Tat nur von Pflanzen und schiebt seine Pflanzennahrung im Maul mehrfach nach vorwärts und rückwärts, so dass es aussehen kann, als sei er ein Wiederkäuer. – Karpathos, griechische Insel im östlichen Mittelmeer. – Troas, das Gebiet um Troia, Westkleinasien. – Die Aalraupe (*mustela marina*) wurde auch von Ausonius in seinem *Mosella*-Gedicht gepriesen (Auson. *Mos.* 107). – Brigantinischer See: der Bodensee.

55 Columella erklärt, dass Meerbarben in Bassins nicht gedeihen, da sie sehr empfindlich seien und die Gefangenschaft schwer ertrügen (Colum. 8,17,7).

56 *Sargus*: die Brachse oder Meerbrasse, als Speisefisch nicht geschätzt. Fenestella: Schriftsteller der frühen Kaiserzeit, gest. um 35 n. Chr., Verfasser verlorener antiquarisch-historischer Werke, vgl. Plin. 33,146. Er brachte *mullus* in Verbindung mit den *calcei mullei*, Schuhen aus purpurrotem Leder, das aus Mesopotamien kam, mit hoher Sohle. Diese Schuhe wurden zur Zeit der Republik nur von den obersten Magistratsbeamten getragen.

57 Die Barbarei mit der sterbenden Meerbarbe, die man bei Tisch beobachtete, prangert auch Seneca an (*nat.* 3, 18,1–7). – Im Kochbuch des Apicius (*De re coquinaria*) finden sich mehrere Rezepte für Meerbarben, wie 10; 11; 12 (Soßen). – Fischsoße: *garum*, das zu allen Speisen gehörte, aus getrockneten, gesalzenen und vergorenen kleinen Fischen und Fischeingeweiden, in

verschiedenen Geschmacksrichtungen hergestellt. Ein sehr gefragter und teurer Exportartikel war das *garum* einer industriellen Gesellschaft aus Cartagena, das »*garum* der Gesellschafter« (*garum sociorum*), vgl. Plin. 31,93 f.

58 Die Fische waren Muränen, die Vedius Pollio (gest. 15 v. Chr.) in Bassins züchtete und denen er der Fama nach verurteilte Sklaven vorwerfen ließ, vgl. Plin. 9,77. Seneca erzählt, wie Kaiser Augustus bei einem Gastmahl eine solche Grausamkeit verhinderte (*de ira* 3,40; *de clem.* 1,18,2). Vedius Pollio vererbte die Villa dem Augustus.

59 Der Marsische Krieg: der Bundesgenossenkrieg 91–89 v. Chr. Die hängenden Bäder: Bäder mit einem von unten erwärmten hohen Fußboden. Sergius Orata (= Aurata, Goldbrasse) galt als Erfinder der römischen Fußbodenheizung, mit der er seine Fischbecken bei Baiae beheizte (vgl. Valerius Maximus 9,1,1). Die Austernbehälter waren Gestelle aus Holzstäben und Ziegeln, auf denen sich die jungen Austern festsetzten, wie man sie heute noch verwendet. – Zu den Fischzuchtanlagen vgl. auch Columella 8,16; Varro *rust.* 3,3,17; zum römischen Fischluxus Giebel (2003), S. 142–150.

60 Wohl der *Pons Sublicius* und der *Pons Milvius*, wo eine Gegenströmung im Tiber geherrscht haben soll und der Seebarsch (*lupus*) einen guten Geschmack hatte, vgl. auch Columella 8,16,25.

61 Gemeint ist wohl L. Licinius Murena, Prätor 100 v. Chr., im Unterschied zum gleichnamigen Konsul d. J. 62, der von Cicero verteidigt worden war (*Pro Murena*, 63 v. Chr.). Columella bemerkt tadelnd, Männer wie Licinius Murena und Sergius Orata seien auf ihre Beinamen von Fischen ebenso stolz gewesen wie frühere römische Feldherrn auf ihre Beinamen von besiegten Völkern (8,16,34 f.). Murena leitete sich jedoch von einem etruskischen Wort ab. – L. Marcius Philippus war berüchtigt für seine Feinschmeckerei in Bezug auf Fische, vgl. Colum. 8,16,3 f. – Q. Hortensius Hortalus (114–50 v. Chr.), Konsul 69 v. Chr., der berühmte Redner, erregte Anstoß, da er wegen des Todes seiner Lieblingsmuräne sogar Trauerkleidung anlegte. L. Licinius Lucullus, Feldherr im 3. Mithridatischen Krieg (74–64 v. Chr.), berühmt als Feinschmecker (»lukullisch«), leitete Seewasser in seine Fischteiche. Die aufwändigen Bauarbeiten forderten zum Vergleich mit dem Perserkönig

Xerxes heraus, der auf seinem Feldzug gegen Griechenland 480 v. Chr. den Berg Athos durchstechen ließ.

62 Bauli, heute Bacoli, bei Baiae. Antonia (Minor), die jüngere Tochter des Triumvirn Marcus Antonius und der Octavia, der Schwester des Augustus, verheiratet mit dem älteren Drusus, Stiefsohn des Augustus, Bruder des Tiberius.

63 Taprobane: Ceylon, heute Sri Lanka. Stoidis: Insel im Persischen Golf; Perimula: an der Straße von Malakka. Erythräisches, d. h. Rotes Meer: nicht nur wie heute zwischen der Arabischen Halbinsel und Ägypten, sondern auch der Persische Golf und das heutige Arabische Meer weit in den Indischen Ozean hinein. – Die beliebten Perlen in der Gegend von Arabien: Der Wüstenstaat Katar (vgl. Anm. 43) mit den vorgelagerten Bahrein-Inseln hat heute noch die Perlmuschel im Wappen.

64 Dass sich Perlen durch den Einschluss von Fremdkörpern bilden, war unbekannt; noch Ammianus Marcellinus in seinem Persienexkurs spricht von der Entstehung durch Tautropfen (23,6,85 f.), während Tertullian (*cult. fem.* 1,6) die Perle als einen warzenförmigen Auswuchs ansieht (*verruca*, Warze). – Über Haifische als Gefährdung von Schwammtauchern vgl. Plin. 9,151 ff.

65 Der Name soll auf ein altindisches Wort zurückgehen, das Blütenknospe bedeutet. – Spiegelstein, *lapis specularis*: Marienglas, ein durchsichtiger Stein, der sich in dünne Blättchen spalten ließ und als Fensterglas verwendet wurde, vgl. Buch 36,150 ff. – Alaunfarbig: fast weiß. – Beweise: für den Reichtum ihrer Besitzer. – »Klappern«: vgl. »Klunkersteine«. – Liktor: Die Liktoren schritten mit den *fasces*, den Rutenbündeln, als Insignien ihrer Macht den hohen Magistratspersonen in der Öffentlichkeit voraus. – Zum Perlenluxus vgl. auch Plin. 37,14–17.

66 Konsul 21 v. Chr., erlitt i. J. 16 eine Niederlage in Germanien (*clades Lolliana*), Begleiter des Gaius Caesar auf dessen Orientmission 1 v. Chr. Der Geschichtsschreiber Velleius Paterculus berichtet nicht nur von Bestechlichkeit, sondern auch von verräterischen Plänen des Lollius, nach deren Aufdeckung er Selbstmord beging (Vell. 2,97; 102). – Seine Enkelin hatte 38 n. Chr. Kaiser Caligula geheiratet, der sich ein Jahr später wieder von ihr trennte.

67 In der Seeschlacht von Actium 31 v. Chr. wurden Antonius und Kleopatra von Octavian besiegt und begingen Selbstmord. Octavian/Augustus ergänzte und übertraf das Weihgeschenk seines Adoptivvaters Caesar (vgl. Buch 9,116), indem er die Venus Genetrix als die Stammmutter seines Geschlechtes, der Julier, mit weitaus kostbarerem Perlenschmuck ausstattete.

68 Vgl. Buch 10,141 f., wo Plinius von der Schlemmerei des Schauspielers Clodius Aesopus berichtet, der Schüsseln mit Vögeln auftischte, die durch ihren Gesang oder ihre Sprechbegabung berühmt und überaus teuer waren. Diese Schändlichkeit, Wesen mit menschlichen Zungen zu verspeisen, sei wohl noch größer als die seines Sohnes, der die wertvollsten Schätze der Natur als Mahlzeit verzehrte. Vgl. auch Valerius Maximus 9,1,2.

69 Etwa ein gehäufter Esslöffel getrockneten Thymians auf einen halben Liter Flüssigkeit.

70 *Lepus* ›der Hase‹, *lepos* ›die Anmut, der Charme‹.

71 Der medizinische Grundsatz, Ähnliches mit Ähnlichem zu heilen, *similia similibus*, wurde in der Neuzeit von der Homöopathie aufgenommen. – Mit den im Folgenden genannten Magiern meint Plinius ursprünglich eine persische Priesterkaste mit besonderem Wissen, dann aber auch alle Arten von Natur- und Wunderheilern, Astrologen, religiösen Charismatikern, Zauberern und Scharlatanen, vgl. Buch 30,1–20. Plinius verurteilt die Magie als eine betrügerische Kunst, was ihn nicht daran hindert, ihre medizinischen (oder pseudomedizinischen) Rezepte des Öfteren kommentarlos wiederzugeben. Vgl. F. Graf, *Gottesnähe und Schadenzauber. Die Magie in der griechisch-römischen Antike*, München 1996, S. 48–69, und A. Önnerfors (Hrsg.), *Antike Zaubersprüche*, Stuttgart 1991 (Reclams UB 8686), S. 8 ff.

72 Plinius meint wohl: in diesem enzyklopädischen Zusammenhang, denn es gab ja die Werke von Scribonius Largus (Mitte des 1. Jh. n. Chr.) und Celsus (1. Hälfte des 1. Jh. n. Chr.), die ihm wohl nicht unbekannt waren. Vgl. *Antike Heilkunst. Ausgewählte Texte*, hrsg. von J. Kollesch und D. Nickel, Stuttgart 1994 (Reclams UB 9305).

73 Tyndareos: König von Sparta, Gatte der Leda, Vater der Dioskuren Kastor und Pollux, Stiefvater der Helena. – Machaon, der Sohn des Asklepios, tritt als Wundarzt in der *Ilias* auf: *Il.*

4,190 ff.; 11,505 ff. – Hippokrates, um 460–370 v. Chr. – Chrysippos, um 300 v. Chr., aus der Ärzteschule von Knidos. – Erasistratos, ein bedeutender Arzt aus Alexandria, lehrte Anatomie, bekannt durch die Geschichte vom kranken Königssohn. Antiochos I. siechte an unglücklicher Liebe zu seiner Stiefmutter dahin. Erasistratos erkannte es und brachte den Vater, König Seleukos I., dazu, seinem Sohn die Gattin abzutreten. Vgl. u. a. Plut. *Demetr.* 38. Kurze Erwähnung Plin. 7,123. – Herophilos, ebenfalls aus der Ärzteschule von Alexandria um 300 v. Chr., bedeutender Diagnostiker.

74 Statt heißer Bäder führte Antonius Musa die Kaltwassermethode ein, vgl. Plin. 25,77. Ihm zu Ehren wurde eine Statue in Rom aufgestellt, neben der des Asklepios. Vgl. Suet. *Aug.* 81,59. – Seneca bekennt sich als *psychrolutes*, »Kaltbader«, *epist.* 53,3; 83,5. – Q. Stertinius Xenophon, ein Grieche, war Leibarzt des Kaisers Claudius und soll an dessen Vergiftung beteiligt gewesen sein (54 n. Chr.), vgl. Tac. *Ann.* 12,67.

75 Anlässlich einer Seuche wurde Asklepios/Äskulap 293 v. Chr. in Gestalt einer heiligen Schlange aus Epidauros nach Rom eingeführt; auf der Tiberinsel wurde ihm ein Tempel errichtet. Vgl. Valerius Maximus 1,8,2.

76 Gemeint sind die in Mode gekommenen durchsichtigen Gewänder aus Seide, die von den Serern kam, aus China über die Seidenstraße, vgl. Plin. 6,54.

77 Ein Anklang an den bekannten Ausspruch aus einem Drama des Ennius, man müsse am Born der Philosophie nippen, aber sich nicht toll und voll trinken daran (*degustandum ex philosophia, non in eam ingurgitandum*) bei Gellius 5,16,5, vgl. Cic. *Tusc.* 2,1.

78 Die vornehmen Römer hatten Sänftenträger, Vorleser und einen *nomenclator*, der ihnen die Namen der zu grüßenden Personen nannte.

79 Elektron bezeichnet Bernstein und, wie hier, eine Legierung aus Gold und Silber. Vgl. auch Buch 2,158 f. zum habgierigen Eindringen in die Erde.

80 Über Erdbeben vgl. Plin. 2,191–200. – Die Erde als heilige Mutter vgl. 2,154–159 und den Schlusssatz des Werkes, 37,205 (hier S. 35 f. und 148).

81 Ein Kupfermineral, auch als Berggrün oder Kupfergrün bezeichnet, vgl. Buch 33,86–93; 35,30. – Zinnober, rötlich und

braunrötlich, wurde in der Malerei verwendet; man bestrich damit auch auf dem Kapitol in Rom das Gesicht der Jupiterstatue wie auch das des siegreichen Feldherrn beim Triumphzug, vgl. Buch 33,111 f.

82 Murrinische oder myrrhinische Gefäße: aus Flussspat, Fluorit, einem kristallinen, spaltbaren Mineral, farblos oder verschieden gefärbt, durchscheinend und fluoreszierend, in Erzgängen gefunden. Der zu den murrinischen Gefäßen verwendete Flussspat stammte aus dem Orient; er wurde erhitzt und mit Myrrhenharz eingerieben, daher der Name. Er wurde auch als Flussmittel beim Schmelzen von Edelmetallen gebraucht, daher die dt. Bezeichnung. – Die unserem Kristallglas entsprechenden Gefäße waren überaus kostbar, vgl. Plin. 37,18–22, mit der Geschichte von Petronius, der bei seinem von Nero erzwungenen Selbstmord ein teures Weingefäß zerbrach, um es dem Kaiser zu entziehen (§ 20). – Zum Kristall, Bergkristall, ebd. 23–29.

83 Vergil *Aen.* 3,56 f.: *auri sacra fames*: ›verfluchter Hunger nach Gold‹. – Vgl. auch Ovid *Met.* 1,137 ff.

84 In Praeneste, heute Palestrina, in Latium befand sich ein berühmtes Orakelheiligtum der Fortuna, von dem noch Reste vorhanden sind.

85 Benannt nach den Attaliden, Königen von Pergamon. Der letzte, Attalos III., vermachte sein Reich den Römern. Seine Schätze wurden in Rom 132 v. Chr. versteigert, der Luxus aus dem eroberten Kleinasien korrumpierte die römischen Sitten, vgl. Plin. 33,148 ff.

86 Ameisen: vgl. Herodot. 3,102–105; vgl. Plin. 11,111. – Greife: Herodot. 3,116; Plin. 7,10. Aus Innerasien wie aus dem Land der Skythen (Südrussland) kamen Goldfunde auf Handelswegen in den Westen. Auf den noch erhaltenen Schmuckstücken der Skythen wie aus dem Altaigebirge sind Tiere abgebildet, auch Greife.

87 Tagus: Tejo, Padus: Po, Hebros: Maritza (Balkan); Paktolos: Sart Cayi (Lydien, Westtürkei), das Schwemmgold aus den lydischen Flüssen war eine Quelle des Reichtums für König Kroisos, den »reichen Krösus«.

88 Wörtl. Ganggold, *canalicium* oder *canaliense*, nach den *canales*, den Gängen in den Bergwerken. – Lasurstein, nicht der Saphir, sondern Lasurit, Lapislazuli. Der thebaische Stein: aus Theben in Ägypten, ein Achat, vgl. Plin. 37,141.

89 Ein Geschlecht von Riesen, das die Götter bekämpfte. Sie türmten Berge aufeinander, um den Olymp zu erstürmen. – *Arrugiae*: vgl. span. *arroyo*, portug. *arroio*: ›Kanal‹. – Plinius' Angaben zum Bergbau werden von der neueren Forschung bestätigt, vgl. die kommentierte Ausgabe des 33. Buches von H. Zehnacker, Paris 1983.

90 *Cuniculi*: auch Kaninchen. So wird, wie Plinius berichtet, in Spanien eine Art von Hasen genannt, wegen der Gänge, die sie sich graben. Sie sind ungeheuer fruchtbar und richten so großen Schaden an, dass man Frettchen gegen sie eingesetzt hat, die sie in die Gänge hinein verfolgen (Buch 8,217 f.).

91 Das sog. Feuersetzen. Hierbei wurde das Gestein durch Abbrennen dürrer Holzstöße erhitzt, dann mit kaltem Wasser begossen, wodurch sich Spalten bildeten, in die man dann Keile trieb. Zur Sprengkraft von Essig vgl. Plin. 23,57 und Liv. 21,37,2: von Hannibal bei seinem Alpenübergang verwendet. Dazu kritisch A. Neuburger, *Die Technik des Altertums*, Leipzig 1919 (Nachdr. 1981), S. 468 ff.

92 Auch Seneca spricht tadelnd vom Bergbau als einem habgierigen Wühlen in der Erde *sub ruina* – unter einem drohenden Einsturz, vgl. *nat.* 5,15,2 ff.

93 Die mittelmeerische Sorte ist eher ein Strauch, z. T. mannshoch, und eignet sich daher besser zum Auskleiden der Gräben als die bei uns bekannte Erika.

94 Um Italien zu schonen, sei Bergbau überhaupt verboten gewesen, sagt Plinius 3,138. Hier sieht es so aus, als sollte nur einer zu raschen Ausbeutung und Erschöpfung der Fundstätten Einhalt geboten werden. – Vercellae: in Oberitalien, heute Vercelli.

95 Der etruskische König von Clusium, 509 v. Chr. – Die Ermordung des Volkstribunen P. Clodius durch T. Annius Milo 52 v. Chr., vgl. Ciceros *Rede für Milo*.

96 Wörtl. Quiriten, offizieller und gehobener Ausdruck für die Inhaber des vollen römischen Bürgerrechts. – Dieser abschließende Lobpreis soll an Vergils Lob Italiens erinnern: *Salve, magna parens frugum, Saturnia tellus* (*Georg.* 2,173).

Literaturhinweise

Textausgaben

Die Auswahlübersetzung enthält Teile aus den Büchern: 1, 2, 7, 8, 9, 18, 21, 28, 29, 33, 34. Ein Ausschnitt daraus wurde 2003 in einer dreiteiligen Folge im Bayerischen Rundfunk gesendet (Redaktion W. Münz).

Die Übersetzung beruht auf dem Text der Teubner-Ausgabe (BT):
Plinius: Naturalis historiae libri XXXVII. Hrsg. von L. Jan und C. Mayhoff. Vol. I–VI. Leipzig 1892–1909. – Nachdr.: Stuttgart 1967–2002. Jetzt München (Saur).

Plinius Secundus d. Ä.: Naturkunde / Naturalis Historia. Hrsg. und übers. von R. König, K. Bayer, G. Winkler, J. Hopp und K. Brodersen. Buch 1–37. Düsseldorf/Zürich: Artemis & Winkler, 1973–96. [Tusculum-Ausgabe, z. T. 2. Aufl. 1997–99.] – Registerband. Hrsg. von K. Bayer und G. Winkler. 2004.

Pliny: Natural History. 10 Vol. Lat./engl. Übers. von H. Rackham, W. H. S. Jones und D. E. Eichholz. London / Cambridge (Mass.): Harvard University Press, 1938–62. (Loeb Classical Library.) – Nachdr. 1980.

Pline l'Ancien: Histoire Naturelle. Lat./frz. Komm. und hrsg. von A. Ernout [u. a.]. Bd. 1 ff. Paris: Les Belles Lettres, 1947 ff. (Collection Budé.)

Gaio Plinio Secondo: Storia naturale. Lat./it. Komm. und hrsg. von G. B. Conte, A. Barchiesi und C. Ranucci. Mit einer Einl. von Italo Calvino. 5 Bde. Turin: Einaudi, 1982–88.

Die Naturgeschichte des Cajus Plinius Secundus. Übers. von G. C. Wittstein. 6 Bde. Leipzig: Gressner & Schramm, 1881–82.

Plinius: Über Bäume. lat./dt. Ausgew., hrsg. und übers. von Bernhard Herzhoff. Stuttgart: Reclam, 2022.

Plinius der Ältere: Historia Naturalis. Eine Ausw. aus der »Naturgeschichte« von Michael Bischoff. Nach der kommentierten Ausgabe von G. C. Wittstein. Nördlingen: Greno, 1987.

Plinius Secundus d. Ä.: Über Blei und Zinn. Übers. und komm. von der Projektgruppe Plinius. Tübingen: Attempto, 1989.

– Über Glas und Metalle. Übers. und komm. von der Projektgruppe Plinius. St. Katharinen: Scripta Mercaturae, 2000.

The Elder Pliny on the Human Animal. Natural History Book 7. Hrsg. und übers. von M. Beagon. Oxford: Oxford University Press, 2005.

Neuere Literaturberichte

Sallmann, K.: Plinius der Ältere 1938–1970. In: Lustrum 18 (1975) S. 5–299, 345–352.

Römer, F.: Plinius der Ältere. III. Bericht (1964–1975). In: Anzeiger für die Altertumswissenschaft 31 (1978) Sp. 129–206.

Serbat, G.: Pline l'Ancien. État présent des études sur la vie, son œuvre et son influence. In: Aufstieg und Niedergang der Römischen Welt [ANRW]. II, 32,4. Berlin 1986. S. 2069–2200.

Sekundärliteratur

Beagon, M.: Roman Nature. The Thought of Pliny the Elder. Oxford 1992.

Borst, A.: Das Buch der Naturgeschichte. Plinius und seine Leser im Zeitalter des Pergaments. Heidelberg 1994. [Mit Liste der Plinius-Handschriften S. 360–374.]

Campbell, D. J.: Naturalis Historiae liber II, a Commentary. Aberdeen 1936.

Carey, S.: Pliny's Catalogue of Culture. Art and Empire in the Natural History. Oxford 2003.

Citroni Marchetti, S.: Plinio il Vecchio e la tradizione del moralismo romano. Pisa 1991.

Dannemann, F.: Plinius und seine Naturgeschichte in ihrer Bedeutung für die Gegenwart. Jena 1921.

French, R. / Greenaway, F. (Hrsg.): Science in the Early Roman Empire: Pliny the Elder, his Sources and Influence. London/Sydney 1986.

Freitag, Ch.: Plinius und die Zahnmedizin. Köln 1994.

Giebel, M.: Tiere in der Antike. Darmstadt/Stuttgart 2003. [Darin: S. 82–103: Plinius und seine Tierkunde. S. 142–149: Fische und Fischzucht.]

Giebel, M.: Abzugskanäle statt Prunktheater. Plinius der Ältere und seine *Naturgeschichte*. In: cursor 18 (April 2022) S. 32–37.

Gigon, O.: Plinius und der Zerfall der antiken Naturwissenschaft. In: Arctos 4 (1966) S. 23–45.

Grüninger, G.: Untersuchungen zur Persönlichkeit des älteren Plinius. Die Bedeutung wissenschaftlicher Arbeit in seinem Denken. Freiburg 1976.

Healy, J. F.: Pliny the Elder on Science and Technology. Oxford 1999.

Isager, J.: Pliny on Art and Society. The Elder Pliny's Chapters on the History of Art. London / New York 1991.

Kádár, Z. / Berényi-Révész, M.: Die Anthropologie des Plinius Maior. In: ANRW II, 32,4. Berlin 1986. S. 2201–24.

König, R. / Winkler, G.: Plinius der Ältere. Leben und Werk eines antiken Naturforschers. München 1979.

Köves-Zulauf, Th.: Reden und Schweigen. Römische Religion bei Plinius Maior. München 1972.

– Die Vorrede der plinianischen »Naturgeschichte«. In: Wiener Studien 86 (1973) S. 134–184.

– Plinius der Ältere und die römische Religion. In: ANRW II, 16,1. Berlin 1978. S. 187–288.

Leitner, H.: Zoologische Terminologie beim Älteren Plinius. Hildesheim 1972.

Lewis, P. R. / Jones, G. D. B.: Roman gold-mining in North-West-Spain. In: Journal of Roman Studies 60 (1970) S. 169–185.

Mommsen, Th.: Eine Inschrift des älteren Plinius. In: Hermes 19 (1884) S. 644–648.

Murphy, T. M.: Pliny the Elder's Natural History. The Empire in the Encyclopedia. Oxford [u. a.] 2009.

Naas, V.: Le projet encyclopédique de Pline l'Ancien. Rom 2002. (Collection de l'école française de Rome. 303.)

Pigeaud, J. / Oroz, J. (Hrsg.): Pline l'Ancien. Temoin de son temps. Salamanca 1987.

Rühl, M.: Perlen für Pompeius. Männlichkeit und ökonomischer Diskurs in der *Naturkunde* des älteren Plinius. In: Gymnasium 128 (2021) Nr. 6. S. 575–597.

Saller, R. P.: Pliny's Roman Economy. Natural History, Innovation, and Growth. Oxford 2022. [Vgl. hierzu die Rezension von S. Günther in: Gymnasium 129 (2022) Nr. 4. S. 391 f.]

Sallmann, K.: Die Geographie des älteren Plinius in ihrem Verhält-

nis zu Varro. Versuch einer Quellenanalyse. Berlin / New York 1971.
– Gaius Plinius Secundus – Die alternative Bildung. In: B. Kytzler / J. Latacz / K. S.: Klassische Autoren der Antike. Literarische Porträts von Homer bis Boethius. Frankfurt a. M. 1992. S. 397–405.
– Der Mensch und ›seine‹ Natur. In: Gymnasium 108 (2001) S. 485–514.
Schipperges, H.: Zur Anthropologie des Plinius. In: Plinius Secundus: Naturkunde / Naturalis Historia. Hrsg. von R. König [u. a.]. Bd. 7: Anthropologie. Düsseldorf/Zürich 1975. S. 300–308.
Schliephake, Chr. / Sojc, N. / Weber, G.: Nachhaltige Antike? Zu Forschungsstand, Fragestellungen und aktuellen Perspektiven. Gymnasium 129 (2022) Nr. 4. S. 303–332.
Seeck, G. A.: Plinius und Aristoteles als Naturwissenschaftler. In: Gymnasium 92 (1985) S. 419–434.
Spallino, A. / Alfonsi, L. (Hrsg.): Plinio il Vecchio sotto il profilo storico e letterario. Atti del convegno di Como 5/6/7 ottobre 1979; atti della tavola rotonda nella ricorrenza centenaria della morte di Plinio il Vecchio, Bologna 16 dicembre 1979. Como 1982.
Steiner, G.: The Scepticism of the Elder Pliny. In: Classical Weekly 48 (1955) S. 137–143.
Syme, R.: Pliny the Procurator. In: Harvard Studies in Classical Philology 73 (1969) S. 201–236.
Thommen, L.: Umweltgeschichte der Antike. München 2009.
Vögler, G.: Dachte man in der Antike ökologisch? Mensch und Umwelt im Spiegel antiker Literatur. In: Forum Classicum 4 (2000) S. 241–253.
– Öko-Griechen und grüne Römer? Düsseldorf/Zürich 1997. [Zu Plinius s. bes. S. 79–82 und 144 f.]
Weeber, K.-W.: Smog über Attika. Umweltverhalten im Altertum. Zürich/München 1990 [zum Bergbau bei Plinius].

